世界で一番美しい
包丁の図鑑

ティム・ヘイワード

写真：クリス・テリー
「職人」漫画：欝田千重

Publishing Director : Sarah Lavelle
Creative Director : Helen Lewis
Designer : Will Webb
Photographer : Chris Terry
Copy Editor : Simon Davis
Production : Emily Noto and Vincent Smith

First published in 2016 by
Quadrille Publishing
Pentagon House
52–54 Southwark Street
London SE1 1UN
www.quadrille.co.uk

Quadrille is an imprint of Hardie Grant
www.hardiegrant.com.au

Text © Tim Hayward 2016
Photography © Chris Terry 2016
Illustrations © Chie Kutsuwada 2016
Cover illustration and knife illustrations © Will Webb 2016
Design and layout © Quadrille Publishing 2016

The rights of the author have been asserted. All rights reserved. No part of this book shall be reproduced, stored in a retrieval system, or transmitted by any means – electronic, mechanical, photocopying, recording, or otherwise – without written permission from the publisher.

Cataloguing in Publication Data: a catalogue record for this book is available from the British Library.

Japanese translation rights arranged with Quadrille Publishing through Japan UNI Agency, Inc., Tokyo

Printed in China

目 次

- 6 ▶ はじめに
- 10 ▶ 包丁／ナイフの構造
- 12 ▶ 持ち方
- 14 ▶ 切り方
- 16 ▶ 素材
- 22 ▶ 包丁／ナイフをつくる
- 29 ▶ 包丁／ナイフメーカー
- 42 ▶ さまざまな包丁／ナイフ
- 50 ▶ 西洋の包丁／ナイフ
- 74 ▶ 中国の包丁／ナイフ
- 88 ▶ 和包丁
- 132 ▶ 業務用の包丁／ナイフ
- 154 ▶ 特殊な包丁／ナイフ
- 194 ▶ 研ぐ
- 210 ▶ 包丁／ナイフアクセサリー
- 218 ▶ 謝辞
- 220 ▶ 索引

はじめに

　あなたの身の回りにあるもので唯一無二の存在といえば、キッチンで使うナイフや包丁ではないでしょうか。日々手にしては、モノの形を変え、新たなモノを生み出すために使うもの。これは、絵筆やキーボードにも当てはまるかもしれませんが、ナイフの方がより独創性や機能性が高い道具かもしれません。たとえば、よほど特別な人でない限り、肉を切るために持っている道具といえば、ナイフや包丁だけでしょう。けれどよく考えてみてください、あなたのキッチンに置いてあるのは、刃渡り20センチほどの危険極まりない鋭利な"兵器級の"金属、しかも装填ずみの拳銃と同等の殺傷能力を秘めたものです。なのに、基本的にそれを使うのは、家族のために愛情をこめた料理をつくるときに限られているのです。

　恐ろしい面を秘めていながら、家庭になくてはならないものはそう多くなく、その数少ないものの1つがナイフといえます。わたしの大好きだった亡き祖母は、ガスをまったく信用していなかったので、戦後ようやく電気が使えるようになったときには、本当に喜んでいました。が、母は急いで、圧力鍋とフライヤーをこっそり捨てていました。今や誰もがリスクを回避しようとして、家の中から危険なものをなくしていっています……ナイフ類をのぞいて。もちろんナイフも安易に使えるものではありません。まだ家庭にある器具の中で唯一、わたしたち自身がきちんと使いこなしていかなければいけないものです。ナイフは、箱から出してスイッチを入れたら、あとは勝手に仕事をしてくれるのを待てばいいだけの道具ではありません。ナイフの使い方や丁寧な扱い方は、ほとんどの人が親から教えられます。大切に使って、きちんと研ぎ、きれいに洗ってから、ナイフブロックやラック、箱に細心の注意を払って収納するなど、ナイフを使いこなすには時間と労力を要します。当初は簡単でシンプルだった人間と道具との関係が、いつのまにか熱狂的なこだわりのようなものにとってかわられていくのは意外でしょうか。ナイフのどこに、そんな思いを抱くのでしょう。

　自分の体を含めて、わたしたちが日々使っているものはさまざまありますが、その大半のものと同じで、ナイフもまた使っているうちに形と機能を変えていきます。以前バルセロナのタパスバーに行ったときのことですが、シェフが見たこともないナイフを使っていました。ハンドルは、鋲留め3本のごく普通のサバティエのようでしたが、刃は刃渡り3センチほどで、小さなかぎ爪よろしく不気味なまでに尖っていたのです。たどたどしいスペイン語で必死にシェフに話しかけ、やっとのことで教えてもらいました。曰く、かつて切り傷や火傷だらけの手で使っていたときは、刃渡りが15センチあったものの、14年以上にわたって研いでいるうちにそこまで小さくなってしまったとのこと……しかも、日々の仕事の中でそのナイフを使うのは、チョリソーの飾り切りをするときだけなのだそうです。チョリソー専用のピーリングナイフを扱っているキッチン用品店などきいたこともありませんが、そのお店"カルペップ"のバーの向こうには間違いなくそれがあるの

です。すっかり古ぼけて、見る影もないけれど美しいナイフは、持ち主であるシェフの子どもであり、これまでずっとそこで働いてきたからこそその形といえるでしょう。このナイフはまさに、長年大事に使いこんで形が変わってしまったものの美しさを表す日本語"ワビサビ"の好例であり、次第になくなっていく儚さと、使っていく中で備わっていく魅力を体現しているのです。

　ナイフや包丁は、食べ物を扱う種々の職人にとって、日々欠かせない仕事道具です。シェフナイフは、一般家庭にある包丁と似ていますが、朝から晩まで肉や魚を切る人たちの道具だけに、やはり一味違います。名人といわれる人たちの道具と同じで、それぞれの仕事に合わせて進化し、使う人たちの魂がこめられているのです。果物の皮をむく見習いシェフの手にしている繊細なピーリングナイフは、トロール船の漁師が握る、刃先の湾曲した、危険な解体用のナイフとは似ても似つかないものですが、何世紀にもわたり、それぞれの専門分野に特化して巧みに使われてきたことで、いずれもが、シンプル極まりない秀でた機能を持つにいたりました。

　ナイフは武器でもあり、殺戮の道具でもあるので、多くの文化ではつねに、単なる使用禁止の規則を超えた慣習が見られます。西洋では当たり前のように、銘々のお皿の脇に何本ものナイフが並べられますが、人々と囲む食卓にそのように危険なものを置くことを禁じる文化は数多あるのです。みんなで同じものを食べ、相手をもてなそうという場に、武器などふさわしくない、というのは当然です。多くの文化におけるこうした慣習は、はるか昔から続いているものなので、その影響は料理万般に見られます。

　それぞれの国の民族衣装や公用語と同じで、ナイフも国ごとに独自のスタイルがあるといってもいいでしょう。ナイフはもともと、食事の下ごしらえに使われるものなので、料理同様多岐にわたり、各地ならではの食材や経済、信仰やタブーといったものに影響を受けています。ナイフは多種多様な人間の象徴という考えは魅力的であり、それに関する本がどこかで書かれていることを願わずにはいられません。

　もっともわたしは、個々のナイフの無数にある細かな違いよりもむしろ、その共通点にはるかにワクワクします。本書では、ナイフというものを包括的に論じるつもりはありません。とりあげるのは、世界中にあるさまざまなナイフの中から、わたしが個人的に興味や関心を抱いているものです。それぞれのナイフが物理的な意味で独自の特性を有していて、なおかつ、異なる文化や料理における他のナイフといかに相通じているか、という観点から選んでいます。世界にはバラエティに富んだナイフが存在しているものの、ナイフの握り方は万国共通であり、国や文化の違いを超えて誰もが、大人になるにつれて自分は危険な刃物（※1）もきちんと扱えると考えるようになっていくのには驚きを隠せません。そして何より面白いのが、日本の職人から、市場で売るナイフをくず鉄でつくるインドの女性にいたるまで、時代やその技量、才能を問わず、匠たちが"心をこめて"つくりあげてきたナイフは、みな等しく絶品だ、ということです。長い歴史の中でつねにあるナイフといえば、とてつもなく大きなナイフでしょう。このタイプのナイフや包丁は、ハンマーのようにしっかりと握って使う際に指の関節を痛めないよう、マチが深くとってあります。そしてその重さを利用して、肉食文化の肉や、ベジタリアンの食卓に登場する硬い野菜を切ってい

くのです。刃を自分の親指に向けて動かしながら使うナイフもあります。このようなナイフの刃幅は決まって細く、先端は必ずしも尖っていませんが、刃の繊細な動きを可能にする柄が必要です。ドイツ工具鋼製もありますが、弓のこ刃と木製パレットを再利用してつくっても構いません。

面白いことに、主として使うのは1本のナイフだけで、それを駆使して多様な用途に活用している文化が多い一方（真っ先に浮かぶのはシェフナイフや菜刀です）、日本のように、そういった発想を巧みにとり入れ、三徳包丁のような独自の包丁やナイフを生み出していくことに価値を見出している伝統もあります。と同時に、今やいろいろな文化が互いに影響し合っているので、西洋のシェフたちは和包丁に一目置き、すべてのシェフのナイフロール（212ページを参照）には、シェフナイフとともに当然のように三徳が入っているのです。日本でも、両刃を改良して活用しています。牛刀は、刃幅がより広く、軽いものへと進化してきているのも画期的なことです。

こうした流れがさらに進み、いつの日か"夢のハイブリッドナイフ"が誕生するかもしれないと思うと、もういても立ってもいられません。想像してみてください、柳刃包丁のように先端が鋭角でありながら、菜刀や牛刀、薄刃包丁を思わせる刃幅があり、柄は、ある程度の重さと握りやすさを有する西洋のナイフの利点と、繊細な動きに適した和包丁のよさを併せ持ち、指を保護する口金があり、三徳の多様性を備え、ドイツ製の刃のように機械での大量生産が容易で、和包丁さながらに軽く、見た目も美しいナイフです。無数の伝統を打ち破ってしまうかもしれないのは確かですが、世界中のナイフメーカーが人類史の中で料理とともに進化してきた証としてそんなナイフをあなたのコレクションに加えられたら、これほど素敵なことはないでしょう。

キッチンナイフは、そのシンプルな構造をはるかに超える、文化的、歴史的、そして技術的な重責を担っています。ナイフには純然たる用途があり、その機能を忠実になぞらえた、ほぼ完璧な形でありながら同時に、謎めいた、とらえどころのない面も多分に有しています。ナイフを手にとり、重みを感じるということは、そういった面にもあますことなく思いを馳せることなのです。刃物には"魂"がこもっていると考える文化もありますが、生粋の英国人であるわたしには、その考えはいささか理解しかねます。そのかわり本書では、ナイフの素晴らしさを紹介し、素材の探求はもとより、具体的な形としてとらえることのできない魅力についても存分に語っていきたいと思います。

※1　blade A.《古英語》14世紀、植物の仏炎苞　B.《古英語》14世紀、道具の幅が広く平らな部位、細い刃の先端、剣。《古英語》blæd（複数bladu《古サクソン語》）、blad《古高地ドイツ語》、blat（ドイツ語blatt［葉］）《古ノルド語》、blað［葉］など《ゲルマン諸語》。†blaðam、おそらくblō [BLOW]がベースの過去分詞形（インド・ヨーロッパ語族では -tos）。現在形は古英語oblongの斜格に由来する。
（出典：The Concise Oxford Dictionary of English Etymology　オックスフォード大学出版局1986年）

包丁／ナイフの構造

　ナイフは主として刀身と柄から構成されていますが、実際にはたくさんのさまざまな部位に分かれていて、各部にきちんと名前がついています。刀身にあるのは先端と峰です。刃先は曲線を描いていることもあります。その内側の平らな面は腹（※1）です。また、刀身のどの位置にあるかで考えるときには、柄に近い方を刃元、先端の方を切っ先と呼びます。

　斜面というのは、峰から刃先に向かって次第に薄く研がれていく刃のことを指し、それが平らになっている場合（※2）は顔や頬といいます。

　刀身の一部は、強度と安定性のために柄の中に入っていますが、その金属部分がなかご（タング）と称されるものです。昔から軽く握って使う和包丁の場合、なかごは釘で硬い木製の柄に固定されます。大半の西洋のナイフや、切る際に和包丁よりも力を要するナイフや包丁であれば、なかごは柄の中心を終端まで通っています。これが本通し（フルタング）です。2枚の薄い板やスケールでなかごを挟み、鋲で固定します。柄の末端は柄尻で、なかごを留めるための金属がこの柄尻にコブのようについているものもあります。

　刀身と柄の接合部が太く補強されているタイプもあり、それが特に顕著なのがドイツ製のシェフナイフです。この金属部分をツバと称し、刃の力を強める働きを有していると同時に、持つ人の手にその力をよりしっかりと伝えることができるので、プロなら、軽くつまむように握るだけで使いこなせますし、指を怪我することもありません。昨今はツバのことをおしゃれにリカッソとも呼んでいます。かつて決闘に使われた武器としてのナイフについているリカッソは、柄の手前に位置し、刃の中にあって唯一切れ味鋭くない短い部分で、柄を握りやすくすると同時に、人差し指をガードするためのものです。刀身と木製の柄の接合部には通常、柄の割れを防止するため、フェルールといわれる骨か角でつくられたものがあります。

※1　ナイフが個性豊かな生き物であると考えるのが当然とでもいわんばかりに、人間の体にちなんだ名前がつけられている部位がたくさんあります。
※2　西洋で一般的な両刃は、両側を均等に研ぐことで、左右対称のくさび形にします。片刃は片側だけを研ぐので、こちらの方が鋭角になります。

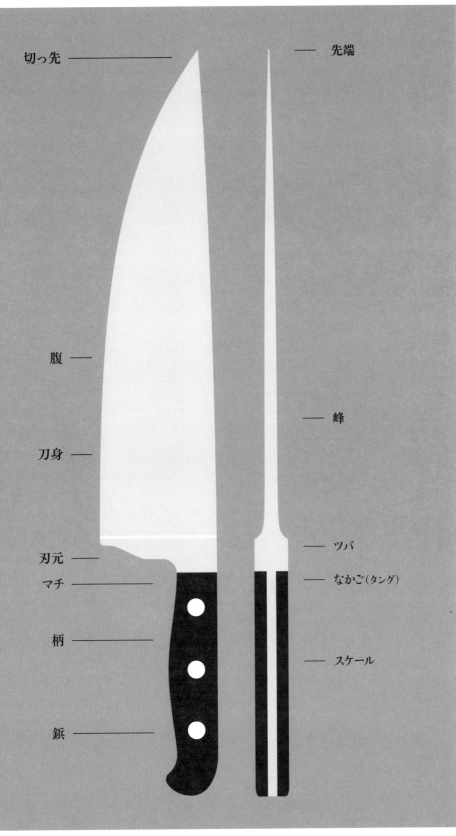

持ち方

　人それぞれ手の大きさも違えば、柄の形もさまざまですし、どんな料理で、何のために切るのかといったこともありますから、あなたの手にしっくりくるナイフ、つまり手とナイフの組み合わせは、それこそ無限大です。とはいえ、基本となる握り方はもちろんあり、それが以下の5つです。

1. ハンマーグリップ　クレーバーナイフや肉切り包丁を使う際、たいていの人がこの握り方をします。4本の指を揃え、親指はその向かい側に持ってきて、手全体でしっかりと柄を握ります。力を入れて叩くように切るのはごく自然にできますが、これだと、刃の角度を調節できるのは手首だけです。硬いものに負けない力強さはあるものの、意のままに動かすのは難しいでしょう。鉈や斧をよく使うならおわかりだと思いますが、きちんと同じ場所にくり返し当てられるようになるまでには、かなりの練習が必要です。けれど、さほど鋭利とはいえないナイフで、キャベツのように大きくてそれなりに硬さのあるものを切るときには、自ずとハンマーグリップになっているはずです。スパッと一気に切れる握り方といえば、やはりこれしかありません。

2. ピンチグリップ　フェンシングの選手は、剣を持つ際、ガードのすぐ下を親指と人差し指の先端で持つよう教わります。これが多種多彩な動きの軸となり、残りの3本の指を使って、剣全体を動かすことができるのです。これと同じ原理なのが、ナイフや包丁を握る際のピンチグリップになります。刀身と柄の接合部、ツバの手前の峰を親指と人差し指で持ち、残りの指は、力を抜いて、軽くそわせるように柄を握ります。刃は、親指と人差し指のつくる軸を中心にすばやく上下に動かせますから、みじん切りのような細かい作業もできますし、それでいて先端は、フェンシングの剣同様、残りの指できちんと操ることが可能です。この握り方なら、ナイフを繊細かつ大幅にコントロールできますが、力を入れて切るのは難しく、使えるのは鋭い先端だけになります。

3. ポイントグリップ　人差し指の指し示す先を、意識することなく、ごく自然に理解できるのは、人間ならではの生理的、心理的な行為です。銃の狙いをつけるように、目を細めてじっと見つめずとも、指の先が何を示しているのかはちゃんとわかります。これは、飛んできたボールをとるといった、意思と筋肉が連動した行動の1つであり、生まれながらにプログラミングされていることなのです（※1）。ナイフの峰にそって人差し指をはわせれば自ずと腕がのび、意識することなく刃をコントロールできるようになります。刃をどの方向にでも自由に動かせますが、直接刃を押しつける場合以外、圧を利用して切るのはかなり難しくなります。この持

ち方の場合、刃は鋭く研いでいなければなりませんから、長く弧を描くように一気に切るのは簡単です。柳刃包丁で刺身を切るときにはこのように持ちます（※2）。

4. **ダガーグリップ**　ハンマーグリップと似ていますが、切っ先が反対側、つまり手首の方を向いています。この握り方をするのは、食肉処理業者や猟師、漁師などに限られ、その場合、扱う動物の体は吊してあるか、作業台の上に置いてあります。これだと、かなりの力をかけることができ、刃を前後に動かしながら切る際も、ナイフを持っていない方の手に刃が触れる心配はありません。もしあなたが、日がな一日牛やマグロの横腹を切っているなら、これこそがとても安全な握り方といえるでしょう。

5. **皮むきグリップ**　ナイフ全体をしっかりと持ち、巻きつけるように持った4本の指でコントロールしていく握り方なので、刃幅が狭く、柄も小さいナイフを使います。刃先は、食材をナイフに向かって押し出していく働きをする親指に向けます。これは、鉛筆や木片を刃先で削るときの握り方で、自分の体の方に刃を向けてナイフを使っていいのはこのときだけです。何よりの目的は、親指を切ることなく、早く正確に食材を切ることで、フランスのピーリングナイフに代表されるようなカーブのきつい複雑な形状は、だからこそといえるでしょう。

※1　「対象に狙いを定める能力は誰にもある。兵士が銃口を向けるとき、その目が本能的にとらえるのは、対象の特徴だ。指がしかるべき位置に達すると、脳からの刺激で腕と手の動きは止まる。これは持って生まれた習性であり、これを利用して、兵士は瞬時に狂いなくターゲットを捕獲できるのである」
米軍フィールドマニュアル3章23-25：M9およびM11拳銃を使用した戦闘訓練（2003年6月）より

※2　外科医は、最初に皮膚にメスを入れる際にはポイントグリップで持ち、次いで患部を治療していくときにはピンチグリップに持ちかえるよう指導を受けます。一般的なメスの両側には、それぞれ1つずつ突起があって、ピンチグリップにする際の目印になっています。

切り方

切るためには、刃を食材の上で動かさなければなりません。切る際の刃の動かし方は7つに分類されますが、そのうちの6つの場合で、ナイフを持っていない、食材にそえている方の手は"猫の手"にしておく必要があります（右ページを参照）。

1. **突き切り**　切断面に対して平行にしたまま、刃全体を垂直に動かします。

2. **突き切り（きざみ型）**　刃の先端の丸みを帯びた部分をまな板につけたまま、そこを軸にして動かしていきます。軽快な動きで、ハーブを刻むときなどに特に便利です。あるいは、非常に硬いものを切る際、この切り方なら、最後まで安全にナイフを扱えます。たとえば鶏肉の関節を切り離す場合、鶏肉を押し開いて関節部分を見つけたら、片手で握ったナイフの先端をそこに当て、柄に全体重をかければ、軟骨まできれいに、そして安全に切り離すことができるでしょう。

3. **押し切り**　まな板に対して垂直に、刃を押し出すようにすべらせていきます。ナイフの重さを利用して（あるいはごく軽く手で力を入れて）、刃がまな板に触れるまでしっかりとナイフを押していきます。これは、西洋で昔から行われている野菜の切り方です。

4. **引き切り**　刃元をまな板に当てて、手前に引きおろすようにして一気に切ります。刺身をつくるときの切り方です。あらゆる点で押し切りに似ていますが、一般に刺身を切る料理人は、切り終わったときまな板に刃先が触れるのをよしとしないといわれています。

5. **回転切り**（ロコモーティブ）　すばやく野菜を切る方法で、最初は刃を前に押し出すように入れていき、真ん中までいったら今度は手前に引くようにしながら下まで切っていきます。刃先がまな板に達したらすぐに上に戻してください。肘から手首までを使って、押して／引いてという動きをくり返す、列車のピストンを思わせる動きです。

6. **押し引き切り**　刃が鋸のようにギザギザになっているパン切りナイフで硬くなったパンを切るなら、押し引き切りがいいでしょう。他のナイフでこの押し引き切りをしても、きれいに切れないので、すぐにやめて、きちんとそのナイフを研いでおいてください。

上に挙げた切り方はすべて、まな板に対して垂直の動きを説明したものですが、いずれもいろいろな角度で切っていくことが可能です。

7. **水平切り**　西洋料理ではあまり見られず、唯一猫の手を使わない切り方です。タマネギをみじん切りにする際、何度か必要なのが水平切りで、半分に切ったタマネギをまな板に置き、万一ナイフがすべった場合に手を切らないよう、手をタマネギとナイフから離し、指先だけでタマネギをしっかりと押さえ、慎重に切っていきます。他に主としてこの水平切りを用いるのは、非常に危険極まりない"最後の1切り"のときです。切り残った（概して）パンか肉をまな板に平らに置いて手のひらでしっかりと押さえたら、集中して、ただしあまり力を入れずに指をきちんとのばし、手とまな板のあいだにナイフを入れていきます。

どんなに素晴らしいキッチンでも、最後のひと塊となった食材を2つに切り分けなければいけない場合が多々あることはわかりますが、わたしがやるとなると、この独特な切り方には数多の危険がついて回ります。菜刀は、かなり高さのあるまな板と一緒に使うので、刃を水平に動かす際に、指や調理台にぶつかることもありません。したがって、水平切りもより安全に、そして簡単にできるため、中華料理のキッチンではよく目にします（76ページを参照）。

猫の手

　ナイフは当然のように、"片手で使う"道具と考えられていますが、実際には、何を切るにせよもう一方の手も必要で、刃がきちんと食材をとらえるようにその手をそえ、切っているあいだもきっちりと食材を押さえています。そこで、ナイフをしっかり握るのと同じくらい大事になってくるのが"猫の手"です。指先と爪前面を使って食材を固定し、指の第2関節（※1）をナイフの腹に当てながら、ナイフを動かしていきます。指先は手の内側に丸めてあるので、普通に切れば、ナイフが指を傷つけることはありません。
　猫の手なら、食材を押さえている指先で、ナイフの動きに合わせて優しく食材をスライドさせていきながら、非常にすばやく食材を切っていくことができます。テレビに登場するシェフたちがこよなく愛するタマネギのみじん切りも、この猫の手があってこそなのです。
　猫の手は、つねに練習するようにしてください。一見奇妙な形ですが、ナイフを握っていない手をこの形にしておかないと、世界一切れるナイフであっても、役に立たないのですから。

※1 ちなみに、親指をのぞく4本の指には第1から第3まで、関節が3つあります。

素材

　最も基本的な形の場合、ナイフづくりは普通、石を見つけることからはじまります。堆積岩の地層から発見される石英と、黒曜石は、その分子構造ゆえにとても脆く、割り口は、貝殻状断口といわれる独特な貝殻模様を形成します（※1）。かけら同士をぶつけてみればわかると思いますが、割れた先端は兵器並みに鋭利で、普通は鋸のような刃になり、その鋭い刃があれば、生の肉を切ったり、骨や木を刻むことも簡単にできるのです。太古の人類が石英を打ち砕く方法を考え出したことで、さまざまな文化の中で石のナイフがつくられ、次第にその形や持ちやすさは向上していきましたが、刃先だけは、自然に割れたままの状態でした。磨いたり研いだりして改良することがどうしてもできなかったのです。少なくとも、石器時代のやり方では無理でした。族長の持つ非常に精巧につくられたナイフは、レイヨウの皮でつくったベルトにさしてあるときは立派に見えたかもしれませんが、いざ切るとなると、割ったばかりの石の足元にも及ばないのが実情でした。しかしながら、そんな道具をつくっていた初期の職人たちがすでに、実際の機能よりも、ある程度とはいえ美しさの方を重視したナイフをつくっていたという事実を鑑みれば、そのころからナイフには、より抽象的な価値が付加されてきていたのは確かです。

　人が、銅とブロンズという新たな素材の扱い方を見出すにつれ、銅製やブロンズ製のナイフが登場してきます。こうしたまだ初期の金属は、そのやわらかさゆえにのばしたり精製したりが簡単にできました。やわらかい金属を使えば、軽い矢じりや、鋲のような実用的なものはつくれましたが、切れ味のいい刃先、ということに関しては最悪でした。そのため、ブロンズのナイフがつくられるようになってからも、肉を切るのに一番よく使われていたのは、相変わらず石のナイフだったのです。けれど鉄が登場すると、切れ味鋭いナイフが現実味を帯びて考えられるようになっていきます。

　鉱石から鉄をつくり出していくことは、ご存知のように製錬といい、鉱石を熱し、溶かして不純物をとりのぞいていくといった過程があります。とはいえこれはあくまでも、石から金属をつくり出す基本の過程で、この未加工の金属を上質なものに変えていくにはまだまだ無数の工程があります。製錬はそんな一連の流れのほんの最初に過ぎません。製錬した鉄は、ときに銑鉄ともいわれ、とても重く、型に入れてかためることはできるものの、非常に脆弱です。あなたにも鉄のナイフをつくることはできますが、もしそれを硬い床の上にでも落とせば、おそらく壊れてしまうでしょう。対して鋼は、純鉄と上限2パーセントの炭素との合金で、強度も高く、柔軟性もあります。型に入れて加圧しても粉々にならないだけの可鍛性と、折れることなくのばしていろいろな形にできる延性もあります。ナイフの最も大事な品質は、折れない耐性と切れ味のよさ、刃先の保ち、そして簡単に研ぎ直せることです。対して、機能的にはさほど不可欠とはいえ、それでもなお持ち主にとって大事なことといえばおそらく、腐食耐性と見た目の美しさでしょう。

炭素の量を変えることで、つねに硬度と柔軟性と加工性の高い鋼をつくることも可能です。他の金属を少量合わせれば、色や耐性を変えることもできます。

鉄と鋼は、溶かした金属を型に流しこんでかためる鋳造も、金属がやわらかくなるまで熱してから、加圧したり叩いたりして成形していく鍛造も可能です。刃は、原料である溶融金属を型に入れ、熱い塊をハンマーで叩き、巨大なローラーに挟み、麺のように引きのばしたり、白熱した歯磨き粉よろしく成形孔から押し出したりしてつくります。もとの素材は、さまざまな熱処理を加えられていくことにより、こうしたすべての過程で少しずつその性質を変化させていきます。実際、耐久性や硬度、純度の象徴のような鋼も、この過程の中で大きく変わっていく物質なのです。

機械でつくる包丁を見てください。たとえば、52ページに掲載してあるようなヴォストフ社ドライザックのクラシックシリーズ4584/26です。高炭素(Cr)、モリブデン(Mo)、バナジウム(V)を合わせ、ロックウェル硬さ試験機で56の硬度を有するステンレススチール鋼は、その上質な原料ゆえに厳選されている素材です。すさまじい力を持った巨大な機械によって鍛造され、コンピュータ制御された研磨機で、きちんと決められた通りに、ミクロン単位まで正確に研がれていきます。熱処理の温度も、100分の1度まで管理され、完成した刃の検査基準は、想像を絶する厳しさです。あなたも、わたしのように科学技術の進歩に胸を躍らせるタイプなら、これぞまさに人間科学やデザイン、技術の到達しうる最高峰の1つだと思うのではないでしょうか。つまり、このナイフを持つということは、そのすべてを手にすることなのです。こうした流れ作業から生み出される1本1本のナイフは、人間の代替関節や、100万ドルのジェット戦闘機に搭載されるエンジン部品同様、どれもそっくりです。しかも、世界で1、2を争うほどの秀逸なナイフで、使い勝手もよく、その目的にぴたりと適したものです。

ではここで、別の伝統の中でつくられているナイフについて考えてみましょう。鋭い刃先のための硬鋼は、より硬度は低いものの壊れにくい鋼に挟まれています。それが1時間ほどかけて、人力で叩かれ、平らにのばされていきます。作業の際、その人が従うのは、自分のカンですが、それは複雑なコンピュータと同じです。この場合、規範となるのはその人の経験です。熱処理の温度調節は、白熱する金属の色を見て判断します。鋼に挟まれた熱い硬鋼を叩き続けていると、やがて分子が変化してきます。火床内の炭素を吸着した金属の表面のそこかしこをハンマーで叩くことによって、金属の結晶構造を再構築していきます。こうしてつくられるナイフは、研究室などで検査を受けることはなく、その素材を"クロムモリブデンバナジウム鋼"のように均質化して称することもできません。また、最終的な硬度の計測も、ロックウェル硬さで行うことはなく、それを購入した料理人が自ら確かめます。職人芸に関心があるなら、これこそまさに、あらゆる文明の発達に見る創意と工夫を体現し、匠1人1人の力量をあますところなく表現したものの1つといえるでしょう。これらは、世界でも最高級の精巧なナイフであり、あらゆる点で2つとして同じものがなく、使う側にも覚悟がいり、手入れも大変ながら、息をのむ美しさを有しているのです。

現在では、こうした手作業でのナイフづくりが、日本のみならず、当然のように世界中で大々

熱処理

本来、金属に対する熱処理というのは、金属を炉に入れ、その色で判断して適温になったら、水か油に入れて"一気に冷やす"ことをいいます。この荒々しくも見える工程が、鋼や銑鉄に適度な硬さをもたらしてくれるのです。このとき金属内では微結晶構造が変化し、それによって精錬されていきます。金属を何度もくり返し高温で熱したり、きちんと見極めながら冷やしていけば、一段と細かくその質を変えていくことができます。

わたしは、ナイフの素材を扱っているところを見学させてもらうため、ある最新式の熱処理工場を訪れました。その工場は平屋建てで、ダービーの外れの工業地区にあります。概観にこれといった特徴はなく、何の工場かはわかりませんが、中に入ると、溶けたシアン化物塩が大量に滴り落ちたあとがそこかしこにあり、天井に無数にとりつけられた、血も凍るような鉤からは鎖がぶらさがり、ジェットエンジンの咆哮のようなすさまじい音がたえず響きわたっているので、まるで中世の冥府のようです。とはいえ、パンツ一丁で汗だくになっている悪魔や小鬼たちがうろうろしているわけではもちろんなく、サイモンというとても素敵な男性が案内してくれました。サイモン曰く、ここでは、ほぼすべての金属を加工することができるそうです。高温の溶融塩の中に入れることで、金属内の化学物質やその成分の分子構造をコントロールし、驚くような耐性を引き出せるといいます。

「どうしてだと思いますか？」そういってサイモンに投げられたのは、どこにでもあるような、光沢のない鈍色の金属の塊でしたが、これがその見た目からは想像もつかないほど重かったのです……「その金属の特性を変えたら、核廃棄物輸送船の蓋を閉めておくボルトになるんです」

わたしたちが普段手にしている金属のもとは、広大な釜の中で徐々に500度前後まで熱せられます。「要はお風呂に入るようなものですね」サイモンの言葉に続いて、金属の塊が1200度前後の溶融塩のお風呂に10分間沈められました。見ていると、溶融塩の表面で無数の微粉がキラキラと輝いています。とてもきれいでしたが、その温度たるやわたしの経験をはるかに超えるものであり、あまりの熱さに苦しくて息もできなくなるほどでした。やがてサイモンが、溶融塩のお風呂から、平らになった金属を引きあげ、作業場の床の上を移動させていきます。その様はまるで、釣り竿の先で跳ね回る魚のようです。それから、冷ますために、おどろおどろしい黒い油の入った巨大なタンクの中に慎重に入れていきますが、その途端、タンクは地獄の釜のように泡立ったのでした。

おそらく小さな工房では、かつてこのようなやり方はしていなかったでしょう。けれどのメーカーも、昨今はさまざまなことに挑んでいます。数センチもたわむ大きなシェフナイフを想像してみてください。分厚く、がっしりとした峰がなくても、まるでしなることのない刃はどうでしょう。いつかそんなナイフができることを想像すると、ワクワクします。

的に復活してきています。米国のボブ・クレーマー（61ページを参照）や英国のジョエル・ブラックといった名工たち、ドッグハウスやブレニムのような鍛造工房が、個性的で、魂のこもった魅力的なナイフをどんどんつくっています。

　実際に使ってみると、荘厳な科学技術と精密さを有する工学的につくられたナイフと、名工の技が光る手づくりのナイフは甲乙つけがたいものです。が、わたしとしては、もっとその製造工程を極めてみたいと思いました。自分でナイフをつくってみたくてたまらなかったのです。

※1 この模様は、水面にできるさざ波と同じで、衝撃を受けた部位から発生する衝撃波によってできるものです。気温の変化によって岩に生じる亀裂は、平面に見られるものなので、貝殻状断口の存在は、人間の介入を示すものだと考えられることがままあります。

包丁/ナイフをつくる

　刃をつくるのにまず必要なのは、厚い金属の箔のような鋼です。それを、定規とカッターを使って切っていきます。同じものを何枚も切ったら、棒状の鋼の上端にきれいに重ねます。小型の溶接トーチで数回さっとあぶったら仮止め完了です。棒状の鋼の上に、薄い鋼がミルフィーユのように何層も重なっている状態です。

　作業場の外、ボロボロのベンチの並びにあるのが、古いプロパンボンベでつくった炉で、寝かせて金属製の足をつけてあります。上部は切りはずし、内部には分厚いミネラルウールが敷き詰めてあります。レギュレーターにとりつけたガス管が、ボンベの横の穴に差しこんであり、そこから唸るような音がきこえてくると、すぐに炉が熱くなっていきます。すさまじい音があがり、揺らめく陽炎の中、オレンジとも白ともつかない炎が燃え立ってくるのです。その炉の中へわたしは、件（くだん）の棒状の鋼を突き入れ、炎のそばへと近づけていきます。鋼も瞬時に白熱してくるので、引き出したら、真っ赤になっている先端にホウ砂（※1）を振りかけ、すぐにまた炎の中に戻します。ホウ砂はブクブクと泡立ちながら溶けていきます。この工程をさらに数回くり返したら、続いて赤々とした塊が向かうのは鍛造プレス機です。

　基本的に鍛造プレス機は水圧ポンプで、よく見る、ダンプカーの荷台や掘削機の腕があがっているような状態を思っていただければいいでしょう。プレス機は、四角く溶接された鋼桁の枠で囲まれているので、ポンプの圧をあますところなく利用して、板チョコのように小さな鋼でも、しっかりとプレスすることができます。

　このサイズの水圧ポンプなら、大型車を簡単にトラックに載せられるでしょう。容易に動かせないはずのものにかかる水圧がどれほどのものか、想像してみてください。もし指を挟まれたら……いいえ、そんなことはないと思いますが、それだけの水圧です。何枚も重ねた、真っ赤になった熱い金属もぴたりと密着させることができるのは間違いありません。圧がかかるたびに、金属はどんどん固着していき、やがて1つにまとまっていきます。炉から金属をとり出してプレス機に運び、ホウ砂をかけ、ポンプの圧で再度プレス、これをおそらく20回は行います。

　これでようやく、積み重ねた金属が均質になり、手鍛造がはじめられます。金属を炎の中に入れて充分に白熱させたら、とり出して鉄床（かなとこ）の上に置き、短いハンマーでくり返し叩いていくのです。

　わたしはこれまで、真っ赤に熱せられた金属は、硬めの粘土くらいにはやわらかくなっているのだろうと思っていましたが、実際には、硬いままです。この程度の熱では、金属はほんの少しやわらかくなるに過ぎません。冷たく硬い鉄床より、わずかにやわらかいだけの金属を前にしてがっくりするでしょうが、その温度は、服も皮膚も瞬時に溶かしてしまうほどなのです。ただし、硬さゆえに失敗をしにくいという利点もあります。ハンマーで1回叩いたくらいで、とり返しがつ

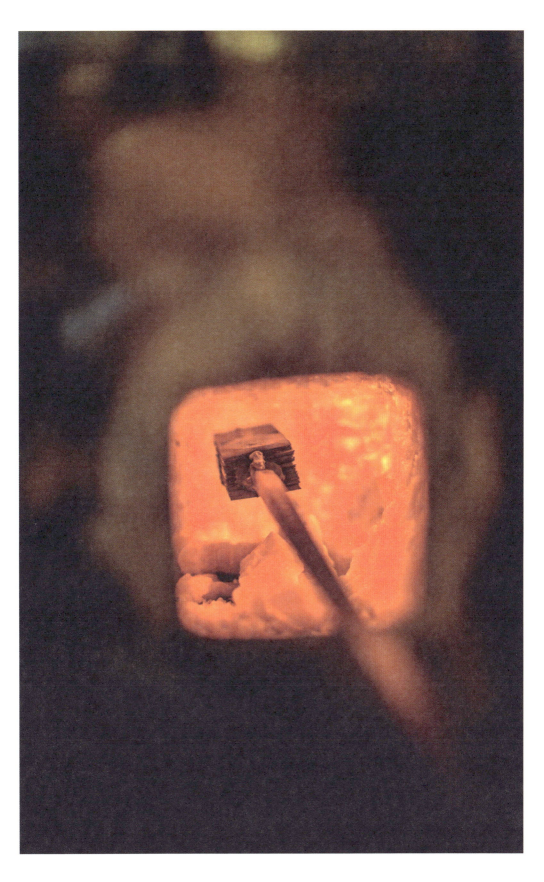

かないほど刃がダメになってしまうことはありません。一方で、ひたすらくり返し叩いていれば、当然疲れてきます。

　わたしは小柄ではありません。むしろナイフ職人よりも大柄なくらいですが、20回ほど叩いたら、もうハンマーを振る余裕などほとんど残っていませんでした。前腕は痙攣し、肩は悲鳴をあげています。すると、プロがやってきて、ハンマーの打ちおろし方を教えてくれました。ハンマーは力任せに振らず、自由に跳ねさせて、一番上まで引きあげるときに最小の力を使うだけでいい、そういわれました。

　このやり方なら、もっと長く叩いていられます。結局200回ほど叩き続け、ようやく刃が大まかな形になってきました。

　次は、熱い刃を油に浸けて冷まします。こうすることで、ナイフにさらに強度を付加するのです。それから、油性マーカーを使い、ボール紙でつくったひな形を当てて、刃の形をなぞっていきます。次いで、大きなベンチ2台と、長い柄のついた備えつけのハサミを使って簡単なてこをつくり、ハンマーで叩いた刃の余分な部分をとりのぞいて、きちんとしたナイフの形をつくっていきます。さあ、いよいよ回転盤の出番です。

　回転盤は直径約1.5メートル、厚さ15センチで、木枠にとりつけられています。そこからのぞいているのは回転盤の半分だけ。心棒に装備されているのは強力な電気モーターです。モーターが始動すると、5分ほどでゆっくりとスピードがあがってきます。回転盤はわたしの体重よりもわずかに軽いくらいですが、それが今や毎分7000回転しています。電気を切ると、15分ほどかけてゆっくりと回転が止まっていくのです。この回転盤がもし軸受けからはずれれば、正面の煉瓦塀を突き抜けていってしまうでしょう（そしておそらく、両隣の建物も）。その場合、わたしは身を挺して回転盤を止めなければなりません。

　水を吹きかけることで、表面の温度はさがり、粉塵も落ち着きますが、これだけ強力なものを覗きこみ、顔からほんの数センチしか離れていないところで、その表面に鋼を押し当てていくのは、やはりかなり勇気がいります。水がかかり、蒸気と火花があがる中、じっくりと刃の形を整えていきます。ここでも作業のペースはゆるやかです。金属はゆっくりとしか削れませんから、削りすぎる心配はありません。

　わたしよりもはるかに上手なプロの方たちの手にかかれば、まだまだやることはあるでしょうが、それでも何とか形になってきました。見た目はいいとはいえず、黒っぽく、のっぺりとした表面はザラザラで、荒削りですが、そこには何か、前よりも力強いものを感じます。ほんの数時間のあいだに、この金属の塊に何千ジュールものエネルギーが注ぎこまれていくのをこの目で見てきたのです。何千度もの熱が、すさまじい圧が、そして、わたしの上半身がくたくたになるほどのハンマーによる何百回もの連打が加えられるのを。もちろんわたしもエネルギーの散在について正確に説明できる程度には物理学を知ってはいますが、それでもやはり、刃には何かが残っていると思えてならないのです。正しいスイッチを見つけられれば、料理に『スター・ウォーズ』シリーズのライトセーバーを使うかのごとく、すべての力が発現するような気がするのです。

ナイフづくりは、実に不思議な体験でした。もちろん、車のエンジンや時計をつくるときにも機械は使われますが、それらはいずれも、どこか遠くの工場の中で、きちんと制御されています。ナイフを人の手でつくりあげていく過程はなかなかに原始的で、さまざまな苦労や努力がはっきりとわかりますが、奇妙なことに、それを何とかして外に出すまいとする面もあるのです。

　現在、ナイフ愛好家のあいだで人気があるのはダマスカス鋼です。金属を何層も重ねた塊からつくられるもので、磨いてエッチングを施すと、優美な模様が浮かびあがってきます。わたしは、形は機能に従うと信じて疑わない人間なので、なぜわざわざナイフの刃にダマスカス仕あげをしなければならないのかとずっと疑問に思ってきました。積層鍛造は、刀などをつくるには適しているでしょう。刃がボロボロになることなく相手を切れるだけの強靭さが大事だからです。けれど、切る相手がトマトなら、ダマスカス鋼などただの見栄に過ぎないと思ったのです。が、今は違います。ダマスカス鋼は、その製造過程においてどんなことがなされてきたかを世界中に教えてくれるのです。65もの鋼を叩いて1つにまとめ、刃がつくられていく過程はまさに苦労の賜物であり、その見た目は美しいことこのうえありません。

※1 ホウ砂（四ホウ酸ナトリウム）はホウ酸塩で、融剤として使います。酸化鉄の融点をさげ、溶けやすくするのです。ホウ砂は"tinkar"と称されることもあり、ここから、鋳掛け屋を意味する"tinker"という言葉がきているのかもしれません。ホウ砂は食材の塩漬けにも利用され、ファラオの遺体を保存するための"ナトロン（塩）"として使われたこともありました。

包丁／ナイフメーカー

ジョナサン・ウォーショースキー（JW）、ジェイムズ・ロス＝ハリス（JRH）、そしてリチャード・ワーナー（RW）はいずれも、ブレニム工房の職人たちです。この工房は、キッチンナイフを専門につくると同時に、独自に金属鍛造も行う、イギリスでも非常に数少ないナイフメーカーの1つです（※1）。日がな一日、真っ赤に燃える熱い金属をひたすら叩き続けていれば、時間の感覚がおかしくなってきかねませんが、ナイフ職人たちは、世の中一般の時計とは異なる時計に合わせて仕事をしているようです。インタビューをはじめるまでには、かなり待たされました。最初にゆっくりと現れたのはジョナサンです。研磨機を使って仕事をする人はみんなそうですが、彼もまた油や埃、金属の粉塵や錆が混ざったものに全身をうっすらと覆われていました。

最初の質問は、どうしてナイフづくりをはじめたのか、です……。

JW：ジェイムズとぼくは同居してたんだけど、いささか暇を持てあましていてね。で、暇つぶしに、毎週末やってるいわゆるDIYってやつの講座に参加してみたんだよ。電子レンジから溶接機をつくってみようとしたんだ。肉の薫製機や、バーベキュー用の炉もつくった。それから、庭でできる温水ジャグジーってのもあったな。ぼくは哲学の博士号を持ってたから、しょっちゅうコンピュータか本と向き合ってた。あんまり長いことスクリーンばっかり見つめてると、そのうちに指がムズムズしてくるんだ。で、そんなふうにひたすら考えてる状況を何とかしなきゃって考えたんだ。

　講座に参加してると、自然とネットやYouTubeでいろんなものを目にするようになる。たとえば、前の週にバーベキュー用の炉と薫製機をつくろうとしてたら、自ずとYouTubeが「こんなビデオはどうですか、ナイフはどうですか」ってすすめてくるんだ。必ずしもそれがいいとは思わないけど、まあ、そういうもんだから。ぼくらも最初は、何も考えずにはじめたし。で、そのビデオを見て、これは面白いかもしれないって思ったんだ。

　当時ぼくは、大工仕事もしていた。家具のリサイクルをね。アップサイクリングだってみんなはいってたけど。それからジェイムズは、溶接工として働いていた。どっちの職場も、高額な道具や機械がやたらと必要で、自分で起業できる希望なんてほとんどなかった。だけどナイフをつくるなら、鉄床とハンマーと火さえあればいいし、それならぼくらにも用意できる、っていうか、そう思ったんだ。で、とある日曜日にペッカムの市場で大量の古いヤスリを仕入れて、鋼の廃材を調達し、それを広げて、ダマスカス鋼のナイフづくりに挑戦したんだ。

多少ともナイフづくりに関わったことがある人がきけば、これは思わず笑いがこみあげてくるほど無邪気な発想だと思うでしょう。この手の人たちはほとんどが、何時間も嬉しそうに話すの

です、ダマスカスの複雑な模様に挑もうと大きな夢を抱くまでに、どれだけのあいだ鋼を叩き、せっかくの刃を使い物にならなくしてきたかと。けれどどうやらブレニムの青年たちは、この惨禍から免れることができたようです……。

　ぼくらはろくに調べもしなかったし、それがどんなに複雑なことかなんて思いもしなかった。要するに、あらゆることについて何も知らなかったんだ。当然、やり方も間違ってたし、温度も間違ってたけど、どういうわけか何とかなって、最初から最後まで間違いどおしのまま、とりあえずナイフは完成した。ほんとはできちゃいけなかったんだろうけど、ぼくらは俄然やる気になった。あまりにも簡単にできたから、思ったんだ、「1セット全部つくろうぜ」で、いろんなサイズを考えはじめた。それから1年以上かけて、最初の成功を再現しようとした。なんせ、自宅に炉をつくったし、小さいながら鉄床はあったからね。けど、できなかった。「だったら温度を変えてやってみよう」最初につくったナイフがあったからこその考えだよ。「きっと簡単にできるさ」

　驚くほどの運のよさでしょう。最初のナイフづくりに失敗していたら、醸造だのスプーンの彫刻だのへと関心が移ってしまった可能性は多分にあります。けれど彼らは、ナイフづくりに魅了されたままだったのです……。

　もう2度と挑戦しなかったかもしれないし、2、3度はやり直したかもしれないけど、「複雑すぎてダメだ」っていって放り出し、他のことをはじめていたかもしれない。けど、一番最初がうまくいけば、できるって自信が持てるんだ。簡単だって。1時間あればナイフはつくれるっていうとんでもない思いこみが力になって、ストレスだらけの1年を乗り越えることができたんだ。最後にはどうしようもなく追い詰められたけどね。材料の鋼を用意してからそれぞれ仕事に行き、帰ってきたら、服も着替えず庭に直行して、炉に火を入れ、ナイフづくりに挑戦してた。まあ、ことごとく失敗するんだけど。で、ベッドに入っても、鋼が炎の中でドロドロになっていく悪夢にうなされるんだ。寝ても覚めても、頭の中は金属を叩く音だけが響いていたよ。

　ジェイムズとリチャードがカフェに入ってきますが、周囲の常連が驚いているのにも気づきません。彼らは巨大な動力ハンマーを新たな作業場に移していたそうですが、はっきり言って、彼らといるとジョンでさえ身ぎれいに見えるほどです。

JRH：うまくいったよ。ひどいことになる可能性もあったけどね。
RW：簡単だったよ。
JW：大工仕事はかなり早くにやめたんだ。けど、作業場に引っ越すまではしばらくかかったし、そこから先も大変だったな……作品が売れるようになるまでは。確か最初は、つくったナイフをサンプルとして配っていったんだ。自信を持って売れるだけの品物ができたって思えるようにな

るまでは、ずいぶん時間がかかったな。サンプルは長いあいだ配ってた、彼の従兄弟も持ってるし、ぼくの母親もね。

JRH：ああ、それからどうにか売りはじめたんだけど、基本的には地元の人たちが相手だったし、不良品は交換するって条件もつけてた。最初からいきなりいいナイフなんかつくれないってことさ。1本か2本つくっただけで、急にすごいナイフを生み出せるわけがないからね。当然何度も試作が必要になってくる。けど、ぼくらの生活は今じゃずっとよくなったし、ナイフだって、けっこう早くつくれるようになってきたんだ。ちゃんと商売になってるしね。前は、ナイフ1本1本に費やす時間がずいぶん長かったけどさ。いろんなこともかなり勉強してきたんだ。

RW：道具のおかげもあるな、まずは。最初っから道具に2万ドルも費やせてたら、もっと早くそうなってた。

JRH：けどそれは一番いい方法じゃなかったさ。こういう道を辿ってきたからこそ、多くのことを学べたんじゃないかと思うよ。最初は、どの道具を使ったらいいのかもわからなかったんだからな。

JW：今考えてみると、誰かプロに教えてもらってれば、あんなに遠回りをしないですんだかもしれないけど、ぼくらは、自分たちで試行錯誤しながら進む道を選んできたんだ。おかげで、誰もがやりかねないいろんな間違いもわかるようになった。それにぼくらはある程度恵まれてもいたから、誰も焦って成功を追い求める必要もなかったんだ。さもなきゃ……つまり、手頃な家賃で部屋を借りられたりってことさ……。

JRH：ああ、そういうことじゃ本当に苦労しなかったな。作業場も格安で借りられたから、1年目の売りあげで家賃も払えて、残りで道具も買えたし。まあ、当時はまだバイトもしてたから、それで何とかなったのかもしれないけど。ナイフづくり専業になるまでは、週に3日、溶接の仕事をしていたんだ。だから、商売をはじめたばっかりのころは、金欠ギリギリだった。要するに、もっと道具を買うよりまず自分の食べる分を確保してたってことさ。

JW：……自力で成長してく、ってやつだろ。

店内にはドレッドヘアの客もたくさんいるので、ききにくいスピリチュアルな質問もできそうな気がします。ナイフには、魂のようなものがこもっているのですか？

JRH：ぼくにいえるのは、ナイフは1本1本違うってことさ。違いは最初からで、ハンマーで叩くにしても、1打1打微妙に位置がずれてるし、研いでるときしかりで、核になる部分を見ながらやるけど、鍛造が違えば、それに合わせて微調整が必要だ。工程の一番最初、鋼のプレスだって、基本的に仕あがりを左右する。最初の鍛造やプレスがすべてを決めるんだ。ぼくらはこれまで、いろんな工程を試してきたし、あらゆる素材も使ってみたけど、そのつど、できあがるものはまったく違う。まだまだ勉強だけど、つねにいいナイフをつくれるレベルには達していると思うよ。

では彼らの共同作業には、独自のスタイルというものはあるのでしょうか。

JRH：どんなナイフをつくりたいかっていう、漠然とした考えはいつもあると思う。柄は装飾なしで、あくまでもシンプルにして、何よりも刃を重視してる。

　それって和包丁に通じるものだけど、何も"日本の職人"ぶるつもりはないんだ。ダマスカスの技術は世界中に広まってたと思う（※2）。それがどうしてかはわからないけど、近年、日本の技術と結びついてきたんだ。

JW：刃の形や研ぐときの角度、柄や何かは、日本の影響を受けているんじゃないかな。

JRH：ついでに鋼の種類もね。

JW：鋼ね、そう、鋼の硬さみたいなのも日本の影響を受けたり、日本のものからヒントを得たりしているな。

　現在、ブレニム工房のナイフを手に入れるには何カ月も待たなければなりません。オーダーメイドする著名人もたくさんいます。美しいものをつくり出すのに、いたって画面映えしないこの3人の若者に秘められた、まだまだ荒削りな魅力に、メディアも気づいています。今後彼らはどうするつもりなのでしょう……テレビに……小売りに……ライセンス契約に……出口戦略はどういったことを考えているんですか。

JW：もっとたくさんナイフをつくるだけさ。

JRH：前進あるのみだね。前進あるのみ。誰か他に何か考えてるのか？

JW：いいや。

RW：まったく。

JRH：当分はキッチンナイフ1本でいくと思う。それがぼくらには向いてる気がするからね。

RW：……まあ、もっと評判をよくして、それを維持していけたらいいってだけかな。

JRH：そうだな。依然として勉強中の身だからね。のびしろはまだたっぷりあるんだ。毎日毎日、毎週毎週、ぼくらは腕をあげていってるのさ。

※1　つまりこの工房では、専門の業者から、あらかじめ鍛造された素材を買うことはないのです。

※2　ダマスカスという名前には、複雑かつ興味深い起源があります。もともとは、シリアのダマスカスで行われていた金属加工の模様のことで、インドから輸入される"ウーツ"という鋼から鍛造されていました。鋼は、もうずいぶん前に失われてしまった、難解な工程をへて精錬されました。ちなみにその工程の中には、粘土に鉄鉱石を埋め、それを高温で焼くといったものも含まれていたそうです。そうやってできあがった鋳塊は不純物だらけで、鉄とさまざまな合金鋼からなるものでしたが、多層構造で、それゆえ金属に強度と美しい模様を付加していたのです。現代のダマスカス鋼は、厳選した合金鋼を重ねて加熱圧着し、同じようなウェハー構造をつくり出すことで、もともとのウーツに近づけようとしています。こうしたやり方を、専門用語では"霞打ち"や"板目金（いためがね）"といいます。できあがった金属は、ねじったり、切ったり、穴をあけたり折り曲げたりといった負荷をかけながら鍛造し、さまざまな模様をつくり出していくのです。冶金者たちは、正しく理解できないままにウーツをしのぐものをつくろうとしては失敗をくり返していますが、わたしたちは、今ある美しいダマスカス鋼で満足すべきでしょう。

左上:ジョナサン・ウォーショースキー
右上:ジェイムズ・ロス=ハリス
左下:リチャード・ワーナー

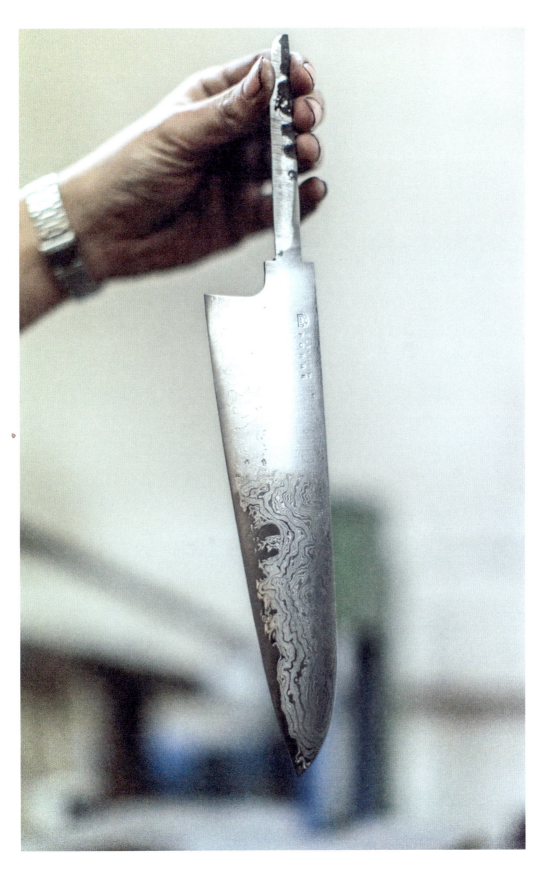

さまざまな包丁／ナイフ

料理人のナイフ／包丁

　ナイフロール（212ページを参照）や道具箱、ラックや引き出しの中にあるあなたのナイフや包丁は、単なる寄せ集めではありません。代々受け継がれてきたものかもしれませんし、他の料理人からたまたま譲り受けたり、複雑な手続きをへて購入した高価なものもあるでしょう。経緯はどうあれ、いったんあなたが手にしたナイフは、日々目覚ましい進化を遂げているのです。使わなくなったナイフは処分し、傷んだものは廃棄したり、何とか再度活用できるようにします。やたらと研ぐかもしれませんし、「ほんのちょっとでもいいから時間を都合して手入れをしなきゃ」というささいな自責の念に四六時中駆られているかもしれません。腕があがるにつれて、それまで使っていたお気に入りではものたりなくなり、新しいものがほしくなって、やがては手に入れるでしょう。誰しもナイフの仕事ぶりに夢中になるのは当然です……そこには、恐ろしいほど的確にナイフの個性が映し出されているのですから。

　ナイフセットの中には必ず、メインで使いそうなナイフがあります。あなたの手に最もよく握られるものです。広く知られているシェフナイフは、昔からあるフランスのナイフの形をベースにしたもので、西洋の伝統的な料理をつくる際にメインのナイフとして使います。これは理にかなっています。少なくとも、きちんと修行をしてきた料理人がつくる最高級の西洋料理のベースにあるのは、フランス料理だからです。現代のシェフは、簡単にエスコフィエのナイフを買って使うことができますが、もし本当にそれを手に入れるなら、現代風にリメイクしたものを選べば、おおいに満足できるでしょう。

　ゆるやかな曲線を描く刃は、軽く上下させるだけで肉やハーブを簡単に細かくすることができ、その長さを利用すれば、肉や魚から大きな塊を一気に切り分けることも可能ですし、柄は腹ではなく峰の側についているので、柄を握った指がまな板にぶつかることもありません。シェフは、たった1本のナイフがあれば、キッチンで必要なことはほぼすべてできることを誇りに思っています。本気で料理にとり組もうと決めたときに、その人がまずするのがシェフナイフの購入なのは、まあ、当然といえば当然です。もちろん、みなさんのお母さんもナイフを持っているでしょうし、あなたも、あまりきれいとはいいがたいキッチンに立ち、お遊び気分で1、2回ナイフを使ったことはあるかもしれませんが、自らの意志で買い物に行き、50ポンドかそれ以上のナイフを買ったときに初めて、世の中に向かって宣言することになるのです、自分は単に食事をつくるのではない、もうこれからは料理人なのだと。

　戦後英国で本格的な料理が再開できたのはエリザベス・デイビッドのおかげだといわれています。彼女は、本格的な料理をつくる鍵はナイフにあると考えました。ステンレスのキッチンナイフも手に入りましたが、エリザベスのお気に入りはフランスのあか抜けない炭素鋼のナイフで、こちらの方がやわらかく、簡単に研ぐことができました。年配の料理人には、エリザベスのすす

めるサバティエのナイフが大好きだという人がいまだに多くいます。このナイフのおかげで、ニンニクとオリーブとレモンの活用範囲が広がりました。ちなみに、刃がとんでもなく錆びて、レモンが真っ黒になることは都合よく忘れています。けれど、何もかもが恐ろしく洗練されてきたこの60年という時間を生きのびてこられたナイフは、ほんのわずかしかありません。

今日、プロの料理人のナイフは、フランスよりもドイツ製の方が多い傾向にあります。この分野における2大競合企業といえば、ヴォストフとヘンケルスでしょう。いずれの製品もとても美しく、非常に科学的に製造されているので、個々の職人技といった概念からはかなりかけ離れているように見えます。効率のよさを究極まで追求し、仕あがりにも非の打ち所がないので、そこに人の手が介在していると考えるのはいささか難しく、けれど奇妙なことに、そのおかげで何だかほっとできるのです。まあ、これは、飛行機のきらめく部品よろしく、ナイフも、人がハンマーで叩きながら形づくっていったものだとは信じたくないという思いがわたしにあるだけなのですが。

さて、ラックにある2番目のナイフは、大きなナイフにはできない作業をするものです。肉や魚の骨をとったりさばいたりするのには、もっと細くて、柔軟な刃が必要です。野菜などを切るときによくする、自分の指に向けて刃を動かすといった、まったく違う切り方のためにデザインされたナイフもよくあります。刃渡り約20センチもあるナイフでそんな切り方はまずできません。指がまな板に触れないよう柄をしっかりと握った状態で自分の指に向けて刃を動かせば、刃先がどこに向かうかわかったものではありませんから。

今日の調理学校生が持っている一般的なナイフロールの中に入っているのは、シェフナイフ、ボーニングナイフ、柔軟なフィレットナイフ、パーリングナイフ、そしてピーリングナイフです。

これに加えて、ほとんどの料理人は"特殊な"ナイフも持っています。たった1つのことだけれど、どうしても無視できないことをするためだけの、摩訶不思議で特殊なナイフです。伝統を重んじる保守的な学校で学んだプロは、メロンボーラーを2、3本持っています。スプーンの形をしたナイフで、トマトやキュウリのくり抜きがすばやくでき、通常はパティシエのところからこっそり借りてくるものです。ジャガイモの芽をとるためだけに、おじいさんのポケットナイフを持ち歩いているシェフもいます。かくいうわたしは、デビルドキドニーに目がないので、繊維質のキドニーを効率よくさっと切り分けられるよう、小さなロック鉗子と10Aのメスを携帯しています。

そして最後が、昔からのお気に入りです。充分すぎるほど長いあいだナイフとしての使命を全うしてきたそれは、本来なら、もうとっくに引退していてしかるべきものです。けれどできません……どうしても無理です……ずっと大事に使ってきた道具に別れを告げるなど。使い慣れた道具、自分で形をつくってきた道具です。文句のつけようのない、極上の働きをしてきてくれました。

そんな、古くて味のあるナイフはつねにそばにあることでしょう。すべての道具は、効率と機能と適応性を追求していますが、ナイフは他にも、感情的な側面を有しているからです。それはひとえに、ナイフは日々充分な手入れをしなければいけないものであり、それによってわたしたちは、ある種の"誇り"を抱くからかもしれません。

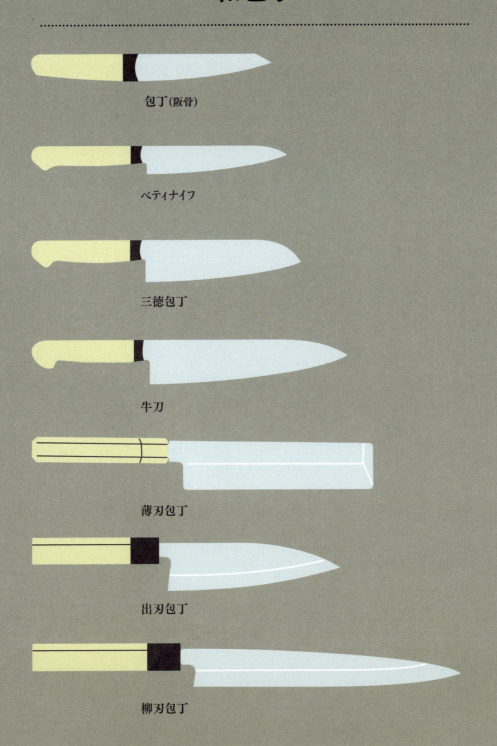

西洋の包丁／ナイフ

シェフナイフ

刃渡り：200ミリ／260ミリ
全長：330ミリ／450ミリ
重さ：222グラム／340グラム
製造：ヴォストフ
素材：ロックウェル硬さ56の、鍛造したクロムモリブデンバナジウム鋼、高分子化合物（ポリマー）
原産国：ドイツ
用途：多目的

　ヴォストフ社ドライザックのクラシック4584シリーズは、すべてのフランス式キッチンナイフの中でも最上かもしれません。一般的なものよりも大きく、重くて、マチの部分も深くなっているので、手の大きな人でも扱いやすいナイフです。大半のドイツのメーカー同様、ヴォストフもツバのデザインにこだわり、1日中使っていても、より快適に峰のところできちんとピンチグリップができるようにしています。

　刃渡り200ミリの方は、とても優れたバランスで、切るのが楽しくなるナイフです。一方260ミリは、まさにキッチンにある"エクスカリバー"さながらのとてつもない大きさですが、熟練した腕であれば、菜刀同様万能の道具として使いこなせます。厨房に1人しかいなくても、このナイフさえあれば、プロはそれを駆使して、ハーブを糸のように細く切り、鶏肉の骨をとりつつ、ニンジンのさいの目切りまで、すべてを猛然とこなしていくでしょう。峰はハーブを叩くのに使い、腹でつぶせばニンニクはぺしゃんこになりますし、切っ先は、鶏肉の希少部位ソリレスをとり出すような繊細な作業にも充分に対応できます。

　刃の丸みは、西洋式の切り方の特徴である、ナイフを揺らすようにして使う切り方をするときに便利です。その際、刃の先端がまな板から離れることはまずありません。ただし、和包丁や中華包丁が浸透してくるにつれ、西洋のシェフたちは、今まで以上に大きくナイフを上下に動かす切り方ができる、より刃幅の広い刃を好む傾向が顕著になってきています。

ボーニングナイフ

刃渡り：130ミリ
全長：240ミリ
重さ：99グラム
製造：ティエール-イサード・サバティエ
素材：手鍛造の炭素鋼、主に加圧処理しエポキシ樹脂で接着したブナ材
原産国：フランス
用途：食肉の骨とり

　普通のシェフナイフでも、関節をはずすことはできますが、刃にかなりの負荷がかかります。骨をとっていくには、ナイフを鋸のように使ったり、鍵穴をいじるような細かい作業も必要ですし、ときには刃をてこのように使うこともあるのです。したがって、ボーニングナイフは通常、刃渡りも短め、刃幅も細めに仕上げてあります。また、ツバは概して、刃元よりも飛び出しています。

　シェフが、解体前の肉を直接切り分けていくことはめったになく、通常は、食肉処理業者のもとで処理された肉が届くので、シェフの所有するボーニングナイフの長さが18センチを超えることはほとんどありません。あなたがこのナイフを使うとすれば、調理のために鶏肉の関節をはずして下準備をするときだけでしょう。それ以外の作業を請け負う食肉処理業者が使うボーニングナイフ (143ページを参照) は、恐ろしいほど大きく、種類も多様です。

　シェフが使うボーニングナイフは、周囲の肉を傷つけることなく羊の大腿骨を切り離せるようなものが望ましいといえます。硬い腱を切っ先でスパッと切れるだけの刃の硬度も必要です。また、羊の脚から掘るようにして骨をとりはずせる刃は、鶏肉から希少部位のソリレスをとり出したり、リブロースをきれいに切りとるのにも役立ちます。

　写真はサバティエの製品で、ローズウッドの柄に炭素鋼の刃です。ちなみにこの柄は樹脂で接着してあるため、昔ながらの白木の柄よりも長持ちします (※1)。

※1 古くなった木の柄も、キッチンオイルの瓶に一晩漬けておけば、蘇らせることができます。

フィレットナイフ

刃渡り：150ミリ
全長：250ミリ
重さ：110グラム
製造：ティエール-イサード・サバティエ
素材：高炭素ステンレス鋼、加圧処理しエポキシ樹脂で接着したブナ材
原産国：フランス
用途：肉や魚をさばいたり、皮をはいだりする

　レストランでは通常、大きな魚をあらかじめ切り身にしたものを届けてもらうので、シェフがさばくのは概してより小さいものだけになります。したがってこの作業には、柔軟性のあるフィレットナイフが最適です。柔軟性というのは、刃が、肉を無駄にすることなく骨にそってなめらかに動き、やわらかな骨にもほとんど傷をつけずにすむことを意味します。刃を肉の不要な部分にそってなめらかに動かしていくのと同じやり方で、肉の表面にそってなめらかに動かしていけば、柔軟性のあるフィレットナイフが極上のスキニングナイフにもなり、皮や硬いガラをとりのぞくこともできます。また、牛や豚の肉よりも繊細に扱うことが求められる鶏の肉にも非常に適しているといえるでしょう。

　一方で、魚のプロが使うフィレットナイフは、これとは次元が異なります。今でこそ機械できれいに魚をさばけますが、長いあいだそれは熟練した技術を要する作業で、想像を絶するほどの量の魚を1匹ずつ、経験を積んだ人の手でさばいていたのです。何週間も漁に出ていた船は、大量の魚を釣りあげて戻ってきますから、傷まないよう塩漬けにするために、急いでさばかなければなりません。漁船の乗組員であれ、港で働く女性であれ、シェフのように丁寧にさばいている時間はなく、自ずと、まったく違う、より頑丈なナイフとして発達してきたのです。

　可能な限りの柔軟性を付加するため、キッチンで使うフィレットナイフはほぼ確実に、ナイフロール（212ページを参照）に入っている他のナイフとは異なる鋼でつくられています。

カスタムナイフ

　たいていのシェフは、よりよいバランスや重さを求めて、ナイフを特注しているようです。実際、ナイフの重さの大半を占めるのが刃なのか柄なのかは、通常ナイフの形で決まります。また、握ったときに多少の融通がきかないと、飾り切りやすばやい作業ができません。重心は、実質的に重要ではありませんが、刃の形は大事です。世間一般には、刃は使い手に合わせて変化し、使い手も刃に合わせて変化するといった、いかにもプロならではの話が信じられていますが、その大半ででっちあげといえます。とはいえ、個々に"カスタマイズ"されたナイフの魅力は絶大です。

　ここ英国におけるナイフづくりの文化はまだまだはじまったばかりです。確かに、ファンタジーの世界では、大きな刀やホビットのための矛槍をつくる人たちが、少ないながらも昔からいますが、料理に使うカスタムナイフをつくる人がごく少数現れてきたのは、最近のことに過ぎません。つくり手の多くは料理人自身ですし、その手になる刃はあくまでも実用的です。

　けれど、狩りや釣り、武器の私有といった文化を有する世界の他の地域では、ナイフづくりはもっと発展しています。写真のナイフは漁師のためにオーダーメイドされたフィレットナイフで、カナダのオンタリオ在住、ギヨーム・コテの手になるものです。柄は樹脂で接着した松かさでできていて、光沢が出るまで充分に磨きあげられ、まるで魚の鱗のようです。柄尻には、このナイフならではの魚の頭がデザインされています。

　船の上や川縁で、獲ったばかりの鮭の内臓をとり出すという大事な仕事をするナイフではありますが、それにしては美しすぎますし、値段もかなりのものです。何を以て職人技を芸術品と見なすのかについて、延々と議論を交わすことも可能ですが、少なくともこのナイフは、実用性と同様、見た目の美しさも重視してつくられたといって構わないと思います。顧客からの特注品に対して手数料をとり、あくまでも商売という立場を貫くナイフメーカーも多少はありますが、今では、独自のスタイルを表現し、より芸術作品に近づけたいと考えているメーカーが多くなってきています。

　アメリカでは、ナイフのコレクションは人気の高い趣味です。ボブ・クレーマーやマレー・カーターのような、すでに揺るぎのない地位を確立している有名なナイフ職人や、ドッグハウス工房やNHBナイフワークス、チェルシー・ミラー、ブラッドルート・ブレイズといった成長著しい有望なメーカーの作品は非常に人気があり、手に入れるには数カ月から数年も待たなければなりません。自作をオークションに出しているところもありますが、出品時の最初の価格が、刃渡り"1インチ"につき数百ドルから数千ドルにもなっています。

　何とも摩訶不思議な世界です。昨今のナイフは、かつてのように機能のみを追求するものではなくなってきていますが、わたしは自分がそういうナイフを好ましく思っているのかどうかよくわかりません。わたしのパソコンも自宅の電話も、国際原子時を正確に刻んでいますが、依然とし

て身につけているのは、月に数秒遅れる腕時計です。燃費のいい最新のSUVも買えるのに、運転しているのは年季の入った古い型の車です。どちらも、効率のよさを上回る魅力があります。ですから、最高のナイフはその美しさゆえに持っているだけで充分だという人たちの気持ちはわかります。わたしでさえときには、見つめているだけで充分だと思うような並外れて美しいナイフに出会うことがあるのです。もっともそういったナイフが最高の美しさを見せるのは、往々にして長年使いこまれ、寿命が尽きる寸前のことですが。

　ただ、結局のところわたしにとっての喜びは、できるだけ頻繁にナイフを使い、大事にし、手入れをすることによってのみ築かれていく関係の中にあります。鍵つきのケースや、専用の部屋を用意して、静かに座り、偉大な職人たちの作品を愛でるのも素晴らしいかもしれませんが、わたしなら、たとえコレクションの中の一番安価なナイフであっても、ときおりとり出し、キッチンでタマネギを刻んだりしないではいられないでしょう。

ボブ・クレーマー

　ボブ・クレーマーは、アメリカにおける料理用ナイフ職人の重鎮として広く認められています。もともとはシェフとして修行を重ねていましたが、ほどなくナイフの魅力にとりつかれ、そのつくり方を学んでいくようになりました。やがて"アメリカン・ブレイドスミス・ソサイエティ"への入会が認められます（※1）。120人ほどの一流の職人たちによって構成されている団体で、クレーマーが入会するまでは、装飾的なファイティングナイフやハンティングナイフに特化したといっても過言ではない団体でしたが、次第に、有名なシェフや裕福な食通たちが憧れる存在へと変わっていきました。クレーマーのナイフを入手しようと思ったら、かつては、多くの腕のいい職人のナイフと同じで、3年待ちのリストに名前を連ねるしかなく、現在はといえば、クレーマーは、ワシントン州のスタジオでより美しいナイフを、本数を減らして制作しているので、ネットオークションでしか購入することができません。

　米国の一流シェフの中にも、クレーマーのナイフを持っている人たちが何人かいます。そんなシェフたちと同じ舞台で腕を振るってみたいなら、クレーマーのウェブサイトに登録し、簡単な信用調査を受けて、入札のチャンスがくるのを待ちましょう。本書の執筆時にクレーマーが出品していたのは、驚くほど秀麗な、刃渡り約25センチの牛刀でした。柄はスポルテッドウッドのトネリコバノカエデで、刃は、アルゼンチンのカンポ・デル・シエロで発見された隕石由来の鉄を鍛造したダマスカス鋼。泥を塗って焼き入れをした刃は、他に抜きん出て硬い仕上がっていました。

　オークションはすさまじい激戦で、正直に告白すると、気が小さいわたしは、入札額が4万3千ドルを超えたところですっかり怖じ気づいてしまったのでした。

※1　クレーマーの自伝によれば、「入会に際しての審査は、刃渡り約20センチ、300を超える多層鋼のボウイナイフをつくることでした。完成したナイフは、ゆらゆら揺れる太さ約3センチのロープを1度でスパッと切り落とし、ツーバイフォー材を2本叩き切り、腕毛を剃り（ツーバイフォー材を切ったあとでです）、最後に、刃を折らずに90度に曲げてみせなければならなかったのです。そこまでできたらようやく、完璧なナイフを5本（15世紀のキリオンつきダガーナイフも含めて）、審査団に提出します」これだけやれば、ニンジンを切るなど朝飯前でしょう。

パーリングナイフ（果物ナイフ）

刃渡り：100ミリ
全長：200ミリ
重さ：59グラム
製造：デグロン、サバティエ
素材：ステンレス鋼、サーモプラスチック
原産国：フランス
用途：野菜や果物などの皮をむく、薄く繊細に切りわける

　パーリング、またはフランス語でクトードフィスといわれるナイフは、通常刃渡りが10センチ以下で、シェフナイフを細くした形をしています。主な仕事は3つ。シェフナイフと同じで、素材を切り刻むことができますが、小さいものに限ります。けれどそのおかげで、ニンニクを透き通るほど薄くスライスするときに大活躍するナイフです。「……フライパンの中でニンニクが溶けるくらい薄い。いい切り方だ」(※1) 果物のちょっと傷んだところや、皮をむいたあとの新鮮なパイナップルの硬いところ、あるいはイチゴのへたなどを切ったり削ぎとったりするのに大活躍するのが切っ先です。刃先全体は、ピーリングナイフと同じように使います。野菜や果物をつねに刃の方に押し出すようにしながら、皮をむいていくことができるのです。

　いつもきちんと研いでおくのがいささか大変だから、という理由もあるかもしれませんが、おそらくは、慌ただしいキッチンではひっきりなしに盗まれてしまうから、という理由で、最近は高価なパーリングナイフを持っているシェフがどんどん少なくなってきているようです。プロが使うナイフで、最初に大量生産品にとってかわられたのがこのタイプでした。刃はカミソリのように鋭いながら保ちが悪く、派手な色使いとプラスチックの柄、という量産品は、安価なこともあり、使い捨てと見なされています。

　個人的には、昔ながらのパーリングナイフは、苦労して手入れをするだけの価値があると思います。同僚が信頼できる職場では特にそうです。安価な消耗品のナイフもいいですが、使うたびに、あなたの心が少しずつ乾いていくことを肝に銘じておいてください。

※1　映画『グッドフェローズ』で、登場人物のポーリー・シセロがカミソリの刃を使ってニンニクをスライスしていたのを覚えています。ただ、彼は非常に腕のいい料理人だったので、看守が持たせてくれたなら、パーリングナイフを巧みに使いこなしたことでしょう。

ピーリングナイフ

刃渡り：70ミリ
全長：180ミリ
重さ：61グラム
製造：J・A・ヘンケルス
素材：サブゼロ処理したステンレス鋼、サーモプラスチック
原産国：ドイツ
用途：野菜の皮をむく、削る、飾り切り

　ピーリング、またはトルネーといわれるナイフは急速に、キッチンの忘れ去られた芸術品の1つになりつつあります。ナイフを駆使して小さな形に彫りあげた野菜を出しても、喜ぶ客はほとんどいません。新鮮でありのままをよしとする昨今の考えに反するからです。とはいえ、密度や厚さに応じて最適のゆで時間を変えながらしっかりとゆでた野菜を、それぞれに適した形や大きさに彫っていくのは、さほど悪いことではないでしょう。

　ピーリングナイフは、手に向かって刃を動かす独自のデザインになっています。持つときは、4本の指でしっかりと柄を握り、親指を使って、野菜を刃の方へ押し出していきます。必ず正しく持って動かしてください。親指ではなくナイフの方を指に向かって動かしたりすれば、救急処置室の医師に過労を強いたうえ、ピカピカに磨きあげられた処置室の床一面に血をしたたらせているわけを事細かに説明するはめになるのはまず間違いありませんから。片手で縦に持ったニンジンの皮をむき、三日月型をした刃を一定のペースでひたすら動かしていけば、腕がいいとはいいがたいスーシェフでも、長くて均一な楕円形のニンジンがたくさん削れて、お皿を華やかに演出することができます。

　ところが、そんな練習は無駄以外の何ものでもないと、今日の料理人たちは考えているようです。けれど忘れないでください、野菜の皮をむくスーシェフがたくさんいて、気前よく支払ってくれる裕福なお客もついている厨房の人気を支えているのはいずれもほぼ間違いなく、料理人たちの仕事量です。したがって、皮をむいたりつけ合わせをつくったりという仕事も、決して無駄ではないのです。

　ピーリングナイフの切っ先を使えば、マッシュルームの傘に切りこみを入れて、シャンピニオン・トゥルネ、つまりマッシュルームの飾り切りをつくることもできます。マッシュルームに詰め物をするには人生は短すぎる、とは英国の作家シャーリー・コンランの言葉ですが、真に時間を無駄にしかねないことが何なのか、その本当のところはわかっていなかったのでしょう。

ステーキナイフ

刃渡り：133ミリ
全長：254ミリ
重さ：88グラム
製造：不明
素材：X50クロムモリブデンバナジウム鋼15、デュポン"デルリン"
原産国：ドイツ
用途：テーブルで肉を食す際に使用

　何世紀ものあいだ、わたしたちはナイフを個人の装身具や日常的に使う道具、そして武器として携帯してきました。男女を問わず子どもまで、誰もが完璧に実用的な刃物を肌身離さず持っていたようなときに、食卓にナイフを並べるなど無意味でした。けれどやがて、貴族の食卓に初めて、食べるとき専用につくられたナイフが登場します。装飾的で、通常高価だったそれは、ホストの富を誇示するためのもので、往々にして刃先は丸く、切れ味もよくありませんでした。やわらかく調理された食べ物を切り分けたり、それをフォークに載せるにはよかったのですが、おそらく何より重要だったのは、攻撃用の武器としてはまったく役に立たなかったということでしょう。
　きれいに切り分けてソースをかけられた肉と同じように、富の象徴としてステーキが高級な食べ物になってきたのはごく最近のことです。食卓で切り分けなければならない、中心がレアになるようにきっちりと焼かれた、大きくて肉汁したたるステーキ。そんなステーキを、それまで使っていたようなナイフで切り、見た目も素敵な完成された食事として供するのは難しく、そこで必要になってきたのが"ステーキのためのナイフ"でした。
　写真の2本が売られているのは、"ドナルド・ラッセル"。スコットランドにある非常に高級な精肉店で、絶品のステーキが有名です。このナイフはキッチンナイフと同じ基準でつくられたもので、見た目の美しさを演出する多くの工夫も丁寧に施されています。
　ステーキナイフは、フォークに合わせるには及びません。むしろ求められるのは、大事な肉がおいしく食べられるように見えることであり、つまりは適度に高級かつ、非常に切れ味がよく見えなければいけないわけです。

ナット・ギルピンのコレクション

　ナサニエル・ギルピンは、ホワイトホールにあるパブ"シルバー・クロス"で、1920年から1950年までヘッドシェフを務めていました。今でこそ、観光客がこぞって押しかける、伝統に彩られた堂々たる店ですが、ギルピンが厨房を仕切っていたころは、議員やお役人を相手に、高級料理をたっぷりサービスしていたのです。英国のより典型的な食事環境を想像するのは難しいかもしれないものの、"エスタブリッシュメント"が核を成していたころは、やたらと上品ぶっていながら、それでもどこか民主的でもありました。周囲の会員制クラブやパブ、肉料理専門店と違い、身分を問わず誰にでも食事を供していた"シルバー・クロス"。1932年に雑誌"Country Life"用に撮影された写真（72ページを参照）では、ギルピンがアシスタントのフレッド・サドラー（写真右）を従えて、ハム、七面鳥、調理したカニやロブスターがこれでもかといわんばかりに広げられた軽食ビュッフェバーのカウンターに立っています。

　第一次世界大戦時の英国海軍三等司厨長を皮切りに、ギルピンは飲食業界において自力でその地位を築きあげていきました。お気に入りだったのはシェフィールドのナイフです。彼のナイフをよく見てください。しっかりと研がれているために、部分的に消えてしまっていることがままあるものの、それでも、かつて英国の一流カトラリーブランドだったメクシア商会、ビーハイブ、ウィリアム・グレゴリーの"ALL RIGHT"、バトラーの商標が微かに残っているのがおわかりでしょう。こういったブランドの中には、ギルピンが料理人の道を歩みはじめたときには既になくなっていたものもありますから、ギルピンはそれを先輩から譲り受けたのかもしれません。

　長くてまっすぐな両刃のナイフは、もともとは刃幅1、2センチほどのごく普通の両刃ナイフだったのでしょう。けれど、それを数ミリ程度にまで研いでおけば、客の前で使う際に見映えがしたのです。今日でも、ソルトビーフサンドイッチや、注文が入るたびに切ってくれるおいしいスモークサーモンを注文すれば、カウンター係はおそらく、まるでそこに存在していないかと思うほどに細く鋭く研がれたナイフを使います。見るからに使いこまれ、きちんと手入れのされている商売道具を目にすると、客は安心するからです。「あの年季の入った、細くて鋭利なナイフを見てごらん、ここのカウンター係は間違いなく、自分の仕事を心得ているよ」といった具合に。

　他のナイフより太くてがっしりした柄のついたナイフもあります。その中の何本かはもともと、分厚いブッチャーナイフのような形をしていたのです。それをギルピンは長いあいだ大事に使い続け、寿命がくると他の役に立つキッチンツールに変えてさらに使いこんでいったのでした。1、2本、峰のそっているものがありますが、きっともとはボーニングナイフだったのでしょう。

　ナイフを出してきて、撮影のために並べていくと、胸が躍ります。他の人の道具を手にするとき、いつも何とはなしに心が震えます。長いあいだ、つねに誰かの手にあって、ナイフとしての使命を果たしてきたのだと思うと、その重さが一段と胸に迫ってくるのです。けれどギルピンのナイ

フにはそれ以上のもの、さらなる想像をかき立てるものがあります。すっかり薄くなった肉切り包丁は、ギルピンが楽しげに示した自らの腕に対する誇りを伝えているのでしょうか。信じられないほど鋭利な形を前にすると、剣士の面影がちらつきます。もともとの形がなくなってしまったあとも、使われ続けたナイフもあります。それは、節約に節約を重ねていたことを暗示しているのかもしれません。

　ナット・ギルピンは自分のナイフを孫息子のスコット・グラント・クライトンに譲りました。クライトンもまたケータリング業で非凡なキャリアを重ねてのち、1968年に"シティ"のガッター・レーンにある店"バロン・オブ・ビーフ"で見習いシェフからはじめ、のちにはさまざまなホテルやプライベートヨットの上でその腕を振るいました。1本1本のナイフはどれも美しく、コレクション全体として見れば、シェフとして生涯を送った男性の極めつきの記念碑といえるでしょう。

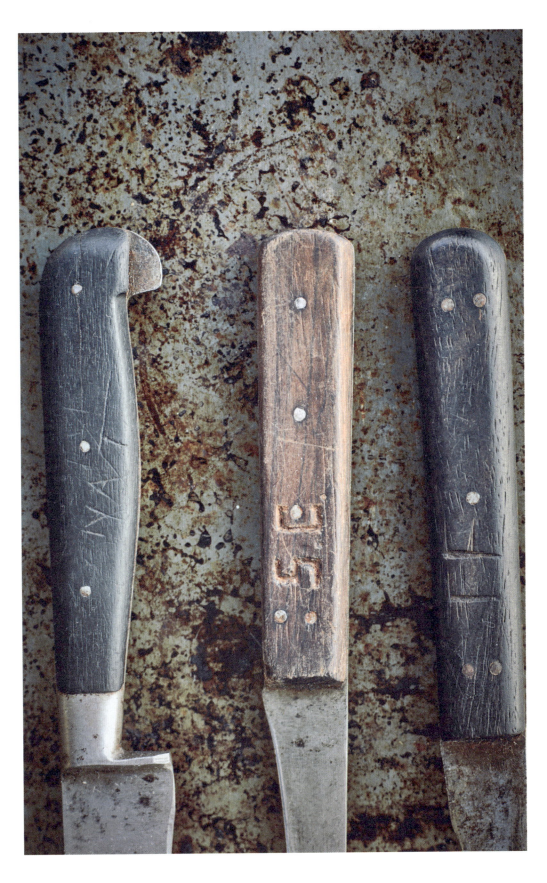

廠

（口街

七三四

(C8~C9

如蒙惠顧
請留意焉

榮添刀

（批發處）

九龍深水埗長沙灣道二式一號(北)
電話：二七二八○○九四・二七二八
製造廠：青衣工業中心第二期十三樓
電報掛號 "HOPPERS"

本廠出品
各種刀剪
純鋼特製
鐵鑊壳鏟
銅鐵炸籃
不銹鋼製
廚房用具
風行世界
也名中外

中国の包丁／ナイフ

中国の包丁／ナイフ

　中華とフレンチは、世界の2大料理です。甲乙つけがたく魅力的なのは、基本的なレベルで両者がまったく異なっているからでしょう。よく使う素材も違えば、食するときの身体的な感覚も一様ではなく、さまざまな食べ物から得られる恩恵に対する哲学的な信念にも大きな隔たりがありますが、何より違うのは、食卓で使う道具です。一流のフランス料理はすべてナイフとフォークで食べるのに対して、中国では、キリストが生まれる1000年も前から、箸で食べています。もともと、料理中に熱い鍋から食べ物をとり出すために考案された棒が、やがて行儀よく食べるための箸になっていったと考えられています。

　ある説によれば、箸の需要を支えているのは、儒教の教え、中でも特に、洗練された夕餉（ゆうげ）の食卓に、ナイフのような戦いを思わせる鋭利な道具の場所はない、という教えだそうです。食卓にいる誰一人として、自分たちの食べ物を一口サイズに切る手段を持っていないとなれば、食べ物は供する前にあらかじめ切っておかなければならなくなります（そんなふうに切っておけば、火を通す時間も短くなり、より早く調理ができるという意外な利点もあるのです）。

　したがって中華料理では、ナイフを使うのはもっぱら厨房ということになります……それも独特なナイフです。菜刀はクレーバーナイフと称されることもあります。西洋のナイフの中ではそれが一番近いからです。ただし、実際に似ているのはフランスのシェフナイフでしょう。シェフナイフの刃幅をもっと広くし、先端をなくしたもの、それが菜刀です。

　菜刀を手にすると、その軽さにびっくりすると思います。刃そのものは意外に大きく、その表面は往々にしてザラザラした荒い感じの仕上がりになっているものの、実は峰が非常に薄いからです。上下動をさせて垂直に切ることもできますが、他のキッチンナイフのように、前後に動かしたり、押したり引いたりして切ることもできます。中国の料理人も必ずまな板を使いますが、それは通常木製で、西洋のまな板に比べると、少なくとも9センチは高くなっています。歴史をひもとくと、中国のまな板はかつて、木の幹や丸太を切ったものでしたが、大事なのは、そういったまな板のおかげでさまざまな切り方ができる点です。高さのある塊を使うことは、手の周囲に邪魔なものがなく、指が調理台にぶつからず、菜刀をさっと横にして、水平に切るのも意のままだ、ということを意味します（※1）。高さのあるまな板は、菜刀を使う際には非常に重要であり、したがって、まな板は包丁の一部と考えるべきなのかもしれません。

　中国の腕のいい料理人や肉屋、魚屋が仕事をしているところを見る機会があるなら、いずれも目の前で、驚くような独特の包丁の動きがくり広げられていることでしょう。恐ろしいほど速く、荒々しく見えますが、実際は、繊細で計算された動きなのです。軟骨性の大きな魚の頭を切り落とす刃が、鱗をはがし、内臓をとり出し、身を開いてから薄くスライスし、お皿にきれいに並べていくまでをすべて行うのです。もっと田舎に行けば、調理に使う薪を割るのにも、菜刀が

使われているといいます。食卓まで運ばれてきて、そこで仕あげをして供される北京ダックを、運よく食せる折りがあれば、よく見てください。料理人は菜刀の刃先を使って器用に、その身を骨から切っていきます。また、菜刀の平面を利用すれば、ニンニクやショウガは一瞬でつぶせますが、鋭利な刃元は、その皮をむくのにしばしば用いられます。そんな菜刀の繊細さを最もよく表しているのが、"銀の松葉"とも称される見事な細切りです。

中国の料理人にとっての第2のナイフはクレーバーです。相応の重さがあり、峰が太く、刃は幅広くくさび形に研いでいきます。つねに切れ味鋭く研いであり、骨も断ち切れるほどです。ちなみに、中華料理の下準備では多くの場合、肉を細かく切り分けておきますが、質感と趣を考慮して、骨の一部は残しておきます。なお、料理人は菜刀の扱いに長けていますから、それでクレーバーの仕事をある程度カバーすることもできます。

沈着冷静で多彩な菜刀ですが、どういうわけか昔から、日本独自の包丁とは異なり、西洋のシェフたちの心をとらえられずにいるようです。中国系の店ではいい品がとても安価で手に入るうえ、素晴らしい仕事をするのは間違いないだけに、実に残念です (※2)。

※1 西洋のシェフも水平に切ることはできますが、その際にはまな板を調理台の端まで持っていって、不格好に上体をかがめなければなりません。さもなければ、手がまな板に触れないようにしつつ、水平に曲がる刃を使うしかないでしょう。近年、西洋のキッチンでのみ柔軟性のある鋼が登場してきているのは、それゆえかもしれません。
※2 中国の刃の手入れは、他の刃と同じで、湿った布で拭き、軽く油を塗っておきますが、洗うときには完全に水に浸けないよう、くれぐれも注意してください。口金から入りこんだ水が徐々に柄に染みこんでいき、それによって木材が腐り、なかごが錆びてしまうかもしれないからです。包丁を勢いよく振りおろしている途中で、刃が柄からポキッと折れてしまうような状況など、招きたくはないでしょうから。

菜刀

刃渡り：206ミリ
全長：310ミリ
重さ：281グラム
製造：梁添刀廠
素材：積層鋼、堅木
用途：多目的

　梁添刀廠は世界でも最高級の店と見なされています。日本やドイツ製の刃と比べると、装飾性ゼロといってもいいほど機能性に特化し、刃の平面にある鍛造印も一様ではありません。背面や端は荒削りで、なかごは柄の中に適当に押しみ、柄尻のところでざっとハンマーで叩いてならしてあるだけです。一見すると、洗練されているとはいえないものの、使う目的からまったくぶれていない様は、なかなか魅力的です。心から同情しますが、おそらくメーカーはこう考えているのでしょう。「腕のいい料理人たちが毎日酷使するものを、ピカピカに磨きあげ、宝石さながらに仕あげることに何の意味があるのだ」と。和包丁に見られる美学からはかけ離れていますが、それでも梁添刀廠の菜刀は、昔ながらの鍛冶屋のハンマーと同じように美しく、使いこんでいくうちに、表面には艶が現れ、何とも力強い感じになっていきます。

　菜刀の刃渡りは、西洋の一般的なシェフナイフと変わらず、重さもほんの数グラム重いだけです。刀身は、刃を前後に揺らすようにしながら切ることを考えて、わずかに曲線を描いています。美しく切れ味の鋭い刃先に簡単に仕あげられるので、ありとあらゆる驚くほど繊細な作業の際にも、刃元から切っ先まで、刃先全体で切っていることに、使いはじめてすぐに気づくと思います。

中国の伝統的なクレーバー

刃渡り：218ミリ
全長：330ミリ
重さ：538グラム
製造：梁添刀廠
素材：ステンレス鋼、堅木
用途：大きな獣の処理および骨を切らなければいけない魚をさばくとき

　中国の伝統的なクレーバーは、それ自体がまさに大きな獣です。かなりの力をかけないと使えませんし、そのために繊細な刃先はすぐに傷みます。またこのクレーバーは、刃先全体を広範に研ぐ必要があります。当然、あえて中心部だけを鋭利な切れ味にするための積層材ではまるで意味がありませんから、クレーバーの鍛造には、単一層の金属が使われるのです。

　写真のクレーバーは少し改良されています。いつも使っている人は慣れているかもしれませんが、切る力は、おそらく一番重い峰にかかってきます。それもかなりの重さです。だからこそクレーバーは重量級の獣なのであり、峰は6ミリもの厚さを有します。きちんと手入れがしてあれば、すばやく2、3度打ちおろすだけで、一番重い牛の骨でも、あっというまにズタズタにすることができるでしょう。

中国のクレーバー
（先端に重心がある、軽量タイプ）

刃渡り：182ミリ
全長：285ミリ
重さ：454グラム
製造：梁添刀廠
素材：高炭素鋼、堅木
用途：家庭用の包丁としてちょっとした骨を切る、いくつか菜刀と同じ働きも可能

　この一段と進化したバージョンは、おしゃれなハイブリッドタイプです。刃は積層材で、峰は強度を考えて厚いものの切れ味は鋭く、背面をそらせることで、刃の軽さも維持しています。見事な発想ですが、その分先端側の刃幅が広くなる形状となり、それによって重心が切っ先の方に移動しています。とはいえ、画期的な改良です。先端の方が重くなったことにより、包丁を振りおろすときのバランスが変わって"てこ"の原理が働き、扱いやすさという点では、全体的により菜刀に似てきたといえます。細かい仕事をする際にはしっくりこないような感じがしますが、現役の料理人たちが使う、丈夫で万能な道具であるこのクレーバーは、間違いなくいい仕事をするという報告があるのです。

ヘンリー・ハリス

　ヘンリー・ハリス（HH）は、ロンドンで最も愛され、尊敬されているシェフの1人です。昔ながらの修行を重ねてきた彼の履歴書には、英国でことのほか影響力のあるキッチンの名前がいくつも記されています。料理の技術や素材、食の歴史に関する知識は誰にも負けませんが、ナイフに対する傾倒ぶりは、本人も認めているように、常軌を逸する一歩手前といったところです。彼は、自身がこれまでプロとして所有し、ともに働いてきたナイフをすべて大切に保管していて、その1本1本について、思い出を語ることができます。

　今のヘンリーなら、ほしいナイフは何でも買えますし、そうやって集めたナイフの中には、ことのほか高価で唯一無二の美しさを誇るものもあります。ただ彼は、もしかしたらコレクターの中でもちょっと変わっているのかもしれません。仕事のためはもちろん、趣味のために購入するナイフもすべて、実際に使うのです。そのうえ、どのナイフも最後まで使い切る才能も有しています。

　ヘンリーは、ナイフを心から愛するように、心から理解もしています。自分とナイフとの関わりについて話す彼はとても楽しそうです……。

HH：わたしが専門学校の"リーズ・スクール・オブ・フード・アンド・ワイン"を卒業した83年当時、シェフはみんな、正真正銘サバティエの炭素鋼のナイフを持っていました。家でいつも見ていたのは切れ味の悪いナイフで、父は金属製の鋼砥（はがねと）をすばやく上下に動かしては研いでいましたが、さほど切れ味がよくなることはなく、だからわたしは、自分が初めてそれを手にしたとき、こう思ったのを覚えています。「神様、これはすごいナイフです。もちろん、刃は真っ黒ですから、タマネギだって切れないかもしれません。でもわたしがこの金属製の荒い鋼砥を使えば、刃からはたちどころに汚れがとれ、再び切れ味がよくなるのがきっとおわかりになるはずです」それがはじまりだったんだと思います。

　レストランで働きはじめると、ステンレス鋼のナイフを何本か買いましたが、つねに実用性を重視したものでした。けれど、初めて本気を出した途端、刃先が欠けてしまい、すぐにストレスがたまりました。どれも大変働き者の道具ですし、おおいに助けてももらいましたが、いつも、何だかしっくりこないものを感じていたのです。

　その後、自分で購入したナイフでまあまあ満足しながら数年を過ごしていたとき、妻がジェイ・パテル氏の店から菜切り包丁を買ってきました。そえられていた小さな紙には、"青紙2号鋼"と書いてあり、そのとき思ったのです、どんなに時間を費やしてもいい、ネットをくまなく検索して、もっとよく調べてみようと。そして、その包丁を使って仕事をするようになって以来、世界が開けました。それほどまでに満足のいく包丁だったのです。

　それまでのわたしは、軽すぎるナイフはどうかと思っていましたが、実のところいいナイフと

いうものはさほど重くなくて構わないのです。大事なのは強度で、いかに欠けない刃先をしっかりとつくれるか、だといえます。それから、本当に鋭利な刃の方が、食材を切るにはずっといいこともおわかりになるでしょう。よく切れるナイフなら、タマネギを切っても涙が出ません。魚や肉を切ったときも、その切り口は明らかに違います。なめらかで均一のとても美しい断面です。

わたし自身はバイオリンやチェロを弾きませんが、ナイフの使い方を説明しようというときは、相手にこういうんです、バイオリンを弾いている人を思い描き、その人が音を出すために、弦に当てた弓を引くところを想像してくださいと。すーっと引いていくでしょう。ナイフも同じです。あなたのナイフがきちんと研いであれば、そういうことがすべてできるのです。先日、キッチンでタマネギのみじん切りをつまんだのですが、口に入れた瞬間、切れ味の悪いナイフで切られたものだということがわかりました。刻むというよりもむしろ力ずくで引きちぎったような切り方だったので、タマネギが硬くなってしまっていたのです。

ナイフのコレクションをはじめたのはかれこれ10年前からですが、最初から、コレクションのしかるべきペースを相当上回っていたと思います。

それに、間違いなくかなりの数を持っているでしょうね。古い刃ですか？ まあ、もう実用には向きませんが……役に立たないわけじゃないんです。最初のころに出たサバティエのナイフを何本か研げばわかりますが、どれも悪くありません。むしろわたしが閉口しているのは、たくさんある安価なナイフを処分していないことです。料理本の処分に四苦八苦するのといささか似ているかもしれません。本当にお粗末な料理本も何冊か持っているのですが、誰かがわざわざ食べ物のことについて書いたのなら、たとえわたしがその人たちの考えに同意できなくても、それは読まれるべきであり、料理人の進歩や成長の一助となるものだと思うのです。ナイフも同じです。ナイフを使う経験は、その善しあしにかかわらず、いずれもその人の人格や腕を磨くのに役に立つでしょう。

ナイフとしてはどうしても好きになれないものが1つだけあります。三徳包丁です。自宅で料理を楽しむ素人の料理人には一番人気があるのかもしれませんが、あれをナイフと見なすのは我慢がなりません。キャンプに持っていくなら、役に立つでしょう。万能ですから。けれど仕事には、それにふさわしいナイフがあります。わたしが料理をするときには、必要なナイフは必ず、すべてその場に揃えておきますし、大工さんも同じように、壁のラックなり道具箱の中なりに、自分の道具をきちんと並べておくでしょう。わたしは、1本ナイフを使ったら、それをきれいに拭いて片づけ、次の目的にかなったナイフを手にします。三徳包丁はいろいろなものが切れて便利ですが、わたしには手抜きとしか思えません。仕事はできても、最適なナイフを使った極力いい仕事はできないでしょう。そしてわたしはとにかく、そういう仕事がしたいのです。そうすることに意味があるなら必ず。

昨今わたしがよく使っているのは菜切り包丁、牛刀、カービングナイフなどです。日本のものも西洋のものもありますし、小さいタイプもあります。おそらくこれが今のわたしに必要なすべてでしょう。

美しいナイフに何千ポンドも費やしているナイフコレクターたちに会ったことがあります。獲物の皮をはいだり、内臓をとり出したり、その肉を切り分け、スライスし、供するためのナイフ、野菜を適当な形に切り、美しく調理するためのナイフと、いろいろなナイフがありますが……そのどれもがキャビネットにしまわれているのです。おそらくみなさん、自分がコレクションしているナイフを研いだことなどなく、刃に指紋がつくことを心配しているのかもしれません。

　ナイフには、使い手のことを思ってつくる、つくり手の心がこめられているのではないでしょうか。ナイフは、鍛冶屋によって魂を吹きこまれ、それによって使い手がそこに個性を付加していける。だからわたしは、初めて刃を傷つける瞬間が待ち遠しくてたまらないほどなのです。わたしが持っているマレー・カーター氏の牛刀には、いくつか傷がついていますが、それぞれがどこで、どんなふうについたのかはきちんとわかります。わたしの注意散漫が原因だった傷もあれば、骨や他の金属のせいでついたものもあります。いずれの傷も確かにそこにあり、そのどれもがわたしのナイフの一部なのです。そして、長い年月をかけて使い、研いでいくにつれて、刃の形もわずかながら変わっていきます。けれど、わたしは使うために買ったのであり、ナイフを所有する真の喜びは、切ったり刻んだりする中にこそあるのです。

和包丁

　日本が包丁の製造において抜きん出ているのは、いくつかの勅令(ちょくれい)の意図しない結果によるものであることは、ほぼ間違いありません。

　1868年、日本は未曾有の政治的変動を経験し、全権が明治天皇に戻されます。それから20世紀の変わり目までのあいだに、封建国家から民主国家へと変貌を遂げていきます。

　4年後、天皇一家がたびたび肉を食べることが宣言されました。日本では675年以降、肉食がほぼ禁止されていました。法令によるせいもありますが、仏教の教えで禁じられていたから、というのもあります。ただし、体力増強という信念のもと、医療目的で食べられることはありました。また、官僚たちはときおり、薬猟といわれる、儀礼的な狩猟に参加しては、獲物の肉を食して楽しんでいましたし、お金に余裕のある市民は、ももんじ屋という、動物の肉を専門に供する店に行くことができました。

　日本人は、自国にやってきた西洋人を見て、その体の大きさや強靭な体力は肉を食べる習慣があるからだと考えたのです。そこで、日本を文明化し、現代化しようという試みの一環として、明治天皇は積極的に肉を食べることを奨励しました。1876年3月28日、明治政府は廃刀令を発布します。封建時代の侍の影響を完全に解除するために発されてきた一連の法令の1つです。廃刀令というのは、公の場での武器の携帯を禁じるものですが、そのおかげで、1000年にもわたって代々このうえなく優れた刃を鍛造し、維持してきた刀鍛冶たちは、途端に仕事を失いました。そこで刀鍛冶たちが、戦場での技術とほとんど変わることなく調理場での技術を尊重した文化の中で、その腕前を美しい包丁づくりに活かしていったのは、当然のことでしょう。

　日本の刃の形で最も古いのは出刃です。中国の菜刀と同じ系統にある、肉切り包丁風の包丁ですが、出刃には先端があります。魚の頭をとったり、三枚におろしたりするのにとても重宝します。2番目は薄刃です。南アジアや東アジアで多く見られる菜食文化で目にする、その土地特有の急造品の刃を思わせます。まっすぐで鋭利なシンプル極まりない刃先が、多様な仕事をします。この包丁に先端は不要で、実際、忙しいキッチンでそれはかえって危険といえるでしょう。むしろ薄刃の最高の使い方は、西洋のキッチンナイフとはまったく違い、まな板を使わず、野菜を片手で持って切ります(※1)。3番目は柳刃です。出刃が刃を真下に向けて切っていき、薄刃が手にした野菜を動かしていくのに対して、柳刃は、長い刃を刃元から先端まで一気に引いて、骨のない肉や魚を切っていきます。どの刃も、他の使い方にも対応できますが、いずれも根本的には、それぞれにぴったりと適した切り方があります。

　日本の和包丁づくりの中心をなしているのは職人であり、その伝統です。昔から続く厳格な徒弟制度があり、弟子は師匠のもとでの修行が終わったあとも、修業時代とほぼ変わりなく師匠のもとで仕事を続けます。この修行のシステムがいわゆる職人の"学校"であり、各地域独自のス

タイルへとつながっていくのです。そこでは、1点1点に複雑な名前のついた刃が、あっというまに半ダースほども手に入るという、ナイフオタクにとってはまさに夢のような世界がくり広げられています。できるだけシンプルで、最良のものを1つだけひたすらつくり続ける、というのも職人の伝統の一環です。西洋の芸術家や名工たちは、何とかして自作の"限界を超えたい"、独創性を発揮して大躍進したいと願っているかもしれませんが、日本の職人が望むのは、教えられた道で少しでも完璧なものに近づけるよう、ひたすら同じことをくり返して、職人としての人生を全うしたいということだけです。何かを創造するとはどういうことなのか、に対する考え方が、文化全般にわたる深いレベルで、西洋とは真逆なのです。職人という考えは日本文化特有のものであり、西洋の物書きはある種畏敬の念をこめて見つめます。だからこそ日本政府は、包丁職人を日本の伝統文化の象徴と考えて、人間国宝にも認定しているのです。

大阪の堺市では、今も最高級の包丁がつくられています。職人は、小さな工房で働いていますが、そこは完全分業制です。各職人が、担当するそれぞれの工程で完璧を極めるべく仕事を行っています。鍛造し、形をつくり、磨きをかける。刃をつけ、柄をつける専門の職人もいます（117-124ページを参照）。

職人の何たるかがわかれば、多種多様な和包丁の説明も多少は理解してもらえるでしょう。基本となる形は3つですが、地域によって数えきれないほどのバリエーションがあります。それぞれの工房が、独自のやり方にそって発展してきているからです。伝統ゆえのバリエーションもあります。魚屋と料理人は、それぞれ職人としての立場から、自分たちの商売道具に無限のバリエーションを求めます。和包丁は、地域ごとに形も違えば、魚や個々の野菜といった特定の食材に応じても微妙な違いがあるのです。

熟練した刀工が和包丁をつくる際に最も大事な技術はおそらく、異なる金属を合わせて、強く鋭利な刃をつくることです。刀の刃には、刃先をしっかりと維持したまま切れるだけの強度が必要でしたが、他の刃と交えたときに刃こぼれしないだけの延性も欠かせませんでした。そのために考え出されたのが、鋼または高炭素鋼を芯にしてそれを地金、もしくは軟鋼で挟むという方法です。それを熱して叩き、弾力もありながら刃こぼれもしないという、基本の刃の形をつくりあげることができたのです。今日手に入る包丁では、こうした技法が"合わせ"もしくはときに"包む"という意味の"霞"と称されています。

昨今みなさんが使っている包丁の外側の層はおそらく、ステンレス鋼でしょう。14世紀の刀の刃に使われていた軟鋼よりも、キッチンでの輝きを維持しておくのがはるかに簡単です。あるいは、高価な"墨流し"かもしれません。これは、鋼と地金を何層にもわたって折り重ね、酸腐食を利用して模様を描き出した鋼のことで、日本の伝統芸術である、墨汁を水にたらした際にできる模様からきています。西洋では、これに相当する言葉として"ダマスカス"がよく使われます。

※1 この切り方を極めると、桂むきという芸術的な切り方になります。野菜を回転させながら切っていくのです。日本の料理人たちは、大根を紙のように薄く長く切っていくことで包丁の使い方を練習します（98ページを参照）。

出刃

刃渡り：105ミリ
全長：290ミリ
重さ：239グラム
製造：左近白梅
素材：機械づくりの白紙鋼（※1）、ホオノキ（モクレン科）、水牛の角
用途：魚をおろす、皮をむく、骨を切る、薄切りにする。もともとは魚用だが、現在は肉にも用いる

　出刃包丁の第一印象は、がっしりした肉切り包丁のようです。峰が厚く、そこからしのぎ筋（130ページを参照）までの平が細くなっていくのは、少なくとも刃渡りの半分を過ぎてからです。重さを最小限にすることを考えたデザインにはなっていません。むしろその重さを活かして、刃元を使って魚の頭を切り落としたりします。ハンマーを握るように柄をしっかりと握ったら、刃元を骨に押し当てます。そして、通常はそのまま一気に骨を断ち切るのです。ただしそのあとは、持ち方も切り方も変えます。柄と前腕が一直線になるように持ち替え、人差し指を峰にそってのばし、切っ先を意のままに動かせるようにするのです。出刃包丁は片刃で（したがって非常に鋭利であり、皮も鱗もスパッと切れます）裏が平らですから、滑るように動いて、硬い骨も難なく切れます。その際、過度な重さが緻密な作業を邪魔することはありません。むしろその逆で、切っ先を安定して動かせるのは、重さのおかげといえるかもしれないのです。
　プロの料理人の中には、切っ先は柳刃包丁のように繊細に、刃元はよりしっかりと、というように部位に応じて研ぎ方を変えている人もいます。心憎いことですが、大半の人が日常的にそこまでの手入れをするのはまず無理でしょう。

※1　和包丁の鋼は大半が日立製です。鋼につけられている紙の名前は、それぞれの鋼を配送する際包んでいた紙に由来します。以下は、ほとんどの場合包丁製造時に使われる種類の鋼です。

青紙シリーズ　　青紙1号：抗張力が強く、柔軟性も高く、簡単に研ぐことができる
　　　　　　　　　青紙2号：硬度とエッジの維持力が高い
　　　　　　　　　青紙スーパー：上記2種類の理想的な組み合わせ
白紙シリーズ　　白紙1号：日立製の鋼の中で最も硬く、炭素含有量も高い
　　　　　　　　　白紙2号：1号よりも切れ味はいいが、硬度はやや落ちる
黄紙シリーズ　　上質な一般の工具鋼

出刃包丁は、日本料理においてさまざまな用途で活用され、たった1枚の鋼から、日々たくさんの素晴らしい料理が生み出されています。とはいえ、異なる素材を使った合わせ（霞）の複合鍛造も可能で、これだと、硬くて丈夫な刃の特性をすべて、出刃の形をした包丁に付加することができるのです。こうした、日常使いのできる機械でつくられた出刃包丁は、シンプルながら使い勝手がよく、わたしはとても好きですが（おそらく、切ったり研いだりするのも、わたしの腕前にはこの包丁がぴったりなのでしょう）、包丁の表面に、"墨流し"といわれる非常に美しい模様が現れるものもあります。

　出刃包丁の種類は多様で、大半は形やバランスが似ているものの、サイズは多岐にわたり、中には、特定の魚に適した、それ専用に使うことが望ましいものもあります。柳刃包丁は、刃渡りと刃幅をのぞいて出刃包丁と構造が同じで、一切りで切るのにとても向いているといえるかもしれません。

　西洋の市場向けに両刃にし、なかんずく洋包丁の柄をつけた出刃包丁なら、昔ながらのずっしりとした牛刀のように手に馴染む感じがするでしょう。

出刃の種類

相出刃（あいでば）	やや幅の狭い出刃
厚出刃（あつでば）	頑丈な出刃
本出刃（ほんでば）	本来の出刃
加工出刃（かこうでば）	鮮魚店用の出刃　刃は薄い（薄出刃とも）
蟹裂出刃（かにさきでば）	甲殻類や貝類をさばく出刃
かしわ出刃	家禽用の平たい刃の出刃
解体出刃（かいたいでば）	魚や肉を解体する出刃
小出刃（こでば）	小ぶりの魚をさばく小さい出刃
身卸出刃（みおろしでば）	三枚おろし用の出刃
両出刃（りょうでば）	両刃の出刃
鮭出刃（さけでば）	鮭用の出刃
洋出刃（ようでば）	西洋風の柄と両刃の出刃

薄刃

刃渡り：170ミリ
全長：320ミリ
重さ：126グラム
製造：加茂詞朗
素材：合わせ鍛造の青紙2号鋼、ホオノキ（モクレン科）、水牛の角
用途：野菜を切る

　薄刃にはある意味、包丁そのものといったところがあります。端的にいえば、そのまっすぐな刃先です。先端もそりもありません。刃の最も基本的な形であり、研ぐのも片側だけです。

　もちろん、洗練されている点もあります。大阪でよく知られている関西型の鎌型薄刃には、峰から切っ先のあいだにわずかなそりがあります。もっと一般的な関東型にも、四角くなっている先端の1つだけをより鋭角的に仕上げてあるものがありますが、これは日本刀の先端を思わせるささやかで品のいい工夫でしょう。ただし調理の機能とは無関係です。とはいえ、こうしたマイナーチェンジはあっても、薄刃のまっすぐな刃先が野菜を切るのに最適なことにかわりはありません。

　肉は、まな板の上に置いて切らなければなりませんが、野菜はしばしば手に持って切ります。したがって薄刃は軽量であり、中国の菜刀のような垂直に刃を動かす切り方はもちろん、あの独特な"親指に向けて刃を動かす"切り方も簡単にできるのです。

　多様な小さい薄刃も入手可能です。特定の野菜を薄く切ったり、飾り切りをしたりするのに適しています。

野菜を切る

　日本料理では、野菜を回しながら切る技術を、桂むきという芸術に昇華させています。料理人は、自分の手に合う長さの円筒形の根菜、通常は大根を片手に持ち、その表面に包丁の平らな面を当て、刃をゆっくりと親指に向けて動かしながら、透けそうなほど薄く長い紙状になるよう、途中で切り離さないようにして切っていくのです。できあがったものを何層にも折り重ねて細く切っていけば、ツマになります。桂むきは、修行中の料理人が身につけるべき技術の1つであり、切らずに2メートルはむけるよう練習します。ただしそれには、余分な力がかかるのを防ぐため、刃をしっかりと研いでおかなければなりません。また料理人は、自分の手の中で最も弱い部分に、危険極まりない刃先をきちんと向けるだけの勇気も必要です（※1）。

　そういった切り方の際に通常使われるのが薄刃です。昔から、見習いの料理人が最初に使い方を勉強する包丁でもあります（野菜は肉や魚よりも安価ですから）。桂むきのような切り方には、刃の平らな面を野菜の表面に対して平行に滑らせていく、薄刃の片刃が適しています。ただし、未熟な料理人にとっては、この薄刃を使って普通の切り方をするのも難しいでしょう。一般的な両刃を使っているなら、薄刃がつねに片側に流れていきがちで、こまめにその向きを直してやらなければいけないことに気がつくと思います。また薄刃は、切れ味のよさを維持しておくのがいささか大変です。便利な刃の形をしているものの、日本人以外の料理人の多くは、その使い方を学びはしても、菜切り包丁の方を買うでしょう。西洋風の切り方ができるようにつくられた、より軽量の両刃の薄刃です。

※1　桂むきを試してみたいなら、そして試すだけの価値があるなら、野菜を持つ方の手に、"ケブラー"というアラミド繊維でできたカット耐性のニット手袋をはめることを強くおすすめします。ホームセンターやネットショップですぐに見つかりますし、救急外来へのタクシー代よりはるかに安いでしょう。

一般的な切り方

くし形(がた)切り 球状の野菜をくさび形（オレンジの房のような形）に切る。

輪(わ)切り 丸または円筒形の野菜を、そのまま円形に切る。

半月(はんげつ)切り 円形に切ったものを半分に切る。

いちょう切り 円形に切ったものを1/4に切る。

千(せん)切り 細く切る（フランス語では"ジュリエンヌ"）。

細(ほそ)切り 細く切るが、千切りよりも太い（フランス語では"バトネ"）。

拍子木(ひょうしぎ)切り 根菜または硬い野菜を細切りよりも太く切る。

短冊(たんざく)切り 拍子木切りと似ているが、それよりも薄い長方形。

そぎ切り そいだり、削ったりするようにして切る。

みじん切り 細かいさいの目。

粗(あら)みじん切り 粗いさいの目。

乱(らん)切り 長く細い野菜を回しながら、不規則な形に切っていく。

あられ切り 5ミリ角程度に切る。

さいの目(め)切り 10ミリ角程度に切る。

薄(うす)づくり 筋目と交差するように包丁を斜めに入れて一気に引き切り、切り離すときには刃を垂直に立てて（小刃返し）、断面をきれいにする。1切れずつが、紙のように薄く、透き通っている。基本の切り方。身のしまった硬い白身の魚とフグに用いる。

そぎづくり 薄づくりと同じだが、それよりは厚い（2.5ミリ以上）。

平(ひら)づくり 垂直に厚く切る。切り身の鮭やマグロを切り分けるのによく用いる。

八重(やえ)づくり イカなどの表面にのみ交差状に切れ目を入れて食べやすくする。

角(かく)づくり やわらかい魚を角、またはさいの目に切る。

糸(いと)づくり 刺身を糸のように細く切る。

菜切り

刃渡り：135ミリ
全長：235ミリ
重さ：90グラム
製造：ブレニム工房
素材：合わせ鍛造の高炭素鋼、ホオノキ（モクレン科）、埋もれ木
原産国：英国
用途：野菜を切り、皮をむく

　菜切りという名前から、この包丁が葉野菜を切ることを意図したものであるのがわかります。野菜を切る包丁の薄刃と同じ形で、下に向かって切っていくために刃先が平らになっていますが、菜切りは両刃なので、硬い根菜の桂むきには適していません。

　出刃と柳刃は厚みがあり、刃先と峰の中間に角度をつけることで、刃にさらなる強度を付加しています。対して菜切りは薄く、なめらかで平らな刀身です。両刃の出刃でニンジンを切ると、ボロボロになってしまいますが、菜切りで切れば、なめらかで完璧な断面になるでしょう。

　このため、西洋人にとっては薄刃よりも菜切りの方がはるかに使いやすいといえます。両刃なら、切っているあいだに片側にすべっていくこともなく、手入れも簡単ですから。だからこそ、三徳に似ている菜切りは、日本の家庭で広く使われていくようになったのかもしれません。

　薄刃と同じで、菜切りも地域ごとの形があります。関西で広く使われているのは、先が丸みを帯びた鎌型です。

　写真の菜切りは、英国の料理人のための特注品です。刃は軽く、ごくわずかにカーブしています。柄は和包丁のそれとも洋包丁のそれとも違うハイブリッドタイプで、刃元に向かって細くなっています。驚くほど軽く、繊細で、小振りながら見事な柔軟性があり、大変扱いやすいナイフです。

柳刃

刃渡り：260ミリ
全長：410ミリ
重さ：194グラム
製造：左近白梅
素材：本焼き（本鍛造）、白紙鋼、ホオノキ（モクレン科）、水牛の角
用途：切り身、皮はぎ、骨とり、魚をおろす

剣型
刃渡り：260ミリ
全長：420ミリ
重さ：205グラム
製造：菊一
素材：本焼き（本鍛造）、銀酸鋼、水牛の角、柄は不明
用途：魚と肉

　柳刃は、寿司や刺身をはじめとする、魚の調理に使う包丁の仲間です。西洋の基準からすれば、刃は並外れて長く、プロが使う刺身包丁は、刃渡りが360ミリを超えます。長めの刃なら、一気に切ることができるから、というのがその理由です。鋸のように切ったり、何度も刃を当てたりすると、本来きれいでなければならない魚の繊細な断面がボロボロになってしまうのです。
　魚を切っているとき、その身に過度のストレスをかけると、切り終えて皿に並べるときに質が落ちると、日本の料理人は考えています。柳刃は、見た目の美しさと、機械のように効率のいい切り方という要求を満たしており、既存の包丁の中で最も高度に進化したものだといえます。柳刃で魚を切るときは、引き切りも押し切りも可能です。押し切りの際には、体重をかけることで、鱗や小骨があっても難なく切れます。一方、形を崩さないよう丁寧に切り身をつくっていくときの最後の繊細な一切りは必ず、精巧で、細かな調整もしやすい引き切りにします。
　刺身を切る料理人を見てください。はじめにまず刃元を魚に当て、刃の先端をほぼ45度に上向けて構えます。それから、長い刃を一気に引きおろすようにして切るのです。またその際には、全身を使わなければ、きちんと切ることはできません。
　刃は、（単一の鋼材で製造される）本焼きの片刃で、熟練した腕にかかれば、刃の角度がより扱いやすくなります。刃の裏面はわずかにくぼむように研いであり、魚を切った際に断面が刃に

貼りつくのを防ぐ一助となるのです。また、このくぼみのおかげで、刃裏はごく一部を研ぐだけですみます。刃は薄く、しっかりと研いでなめらかになっているので、食材との摩擦が減り、余計な力を入れずに切ることが可能です。片刃なので、魚を切るときは、その身を一層自然に切り離すことができます。とはいえ、左利きの人が使うのは少し難しいといえるでしょう。左利きの人用の柳刃もありますが、希少で高価です。

西洋の料理人は、魚の皮をはぐ際に、柔軟性の高い刃を使います。そして、まな板に置かれた魚の皮に対して平らになるよう、刃を思いきり曲げながら、皮をはいでいきます。柳刃には柔軟性がありませんから、こんな使い方をしたら、簡単に折れてしまうでしょう(※1)。

剣型柳刃は、刀のデザインにヒントを得たもので、先端を落とすことでむしろその魅力を際立たせています。侍の時代の短刀や短剣にちなんで、短刀型といわれることもあります。

※1 ええ。それはまさに、とても高くつく苦い経験になります。

タコ引き

刃渡り：270ミリ
全長：420ミリ
重さ：220グラム
製造：佐治
素材：本鍛造、青紙鋼（まれに両刃も）
用途：名前からいえばタコだが、あらゆる刺身に用いる

　タコ引きは柳刃とまったく同じ使い方をしますが、刃先はこちらの方がまっすぐです。柳刃が昔から大阪をはじめとする関西で使われているのに対して、タコ引きは東京近郊を中心に東日本で広く使われています。2本のよく似た包丁が、まったく同じ目的のためにつくられたのは事実ですが、だとすれば、先端の形の違いは何なのかと思われるでしょう。一気に引き切りをすることはよくあっても、鋭利な切っ先を使いたくなる状況はめったにありません。これだけ長い刃を操るのは至難の業です。わたしとしては、日本の包丁づくりの根底にある侍の伝統を密やかに想起させるものなのではないかと思います。それなら、どんな文化を持つ料理人をも魅了するでしょう。

　ただ、一段と話がややこしくなるのですが、タコ引きには先丸タコ引きといわれる種類もあります。刃先はまっすぐですが、先端が緩やかな丸みを帯びているのです。

阪骨／骨すき

刃渡り：150ミリ
全長：265ミリ
重さ：156グラム
製造：菊一
素材：機械鍛造、2N炭素鋼、染色したパッカーウッド
用途：吊りさげた肉を骨からはがす

　阪骨は、日本の食肉処理業者が使う伝統的なボーニングナイフです。短くて峰が厚く、非常に強靭です。ダガーグリップで楽に持つことができ、吊りさげた食肉の処理に使います。吊りさげてあるのは、肉の重さを利用して切りやすくするためです。鋭利な切っ先は、複雑な関節の中を小刻みに動かして、パッと切り離すのに秀でていますし、刀身の先端から3/4まではことのほか切れ味が鋭くなっているので、筋肉を切断し、皮をはぐのも簡単にできます。刃元の方の残り1/4は、あえて切れ味を鈍くしてあります。指が滑って、ツバを超えてしまったとしても、指がスッパリ切れないようにするためです。

　それよりももっと一般的な精肉店の仕事の場合に日本人が選ぶのが骨すきです。独特な刃元と、指を保護する部位を有します。骨すきの丸型は、左ページの写真のように、刃がゆるやかな曲線を描いていますが、より角度のついた角型もあります。いずれも、小さな家禽やウサギをさばくのに最適です。もっと大きな肉を解体するには、骨すきの大型バージョンであるガラスキといわれるものがあります。

　用途が非常に特化している阪骨ですが、その流線型の形と重さから、多くの和包丁に比べてがっしりしていると、西洋のシェフに人気があります。また、より一般的な厨房での作業に、しっかりと研がれた阪骨が用いられるのも次第に珍しくなくなってきています。

牛刀

刃渡り：210ミリ
全長：350ミリ
重さ：345グラム
製造：三悦
素材：合わせ鍛造、ZDP-189鋼
用途：多目的

　牛刀が日本の料理人に使われるようになってきたのは比較的最近です。形も長さもさまざまですが、これは基本的に、日本の包丁職人たちが各々西洋のシェフナイフを解釈した結果です。両刃で、腹には厚みがあり、先端にいくにつれて細くなっています。ただし西洋のシェフナイフに比べると、牛刀の方がかなり薄くて軽いです。写真の牛刀は、持ち主曰く"非常に洋風の牛刀"で、洋包丁よろしく柄は鋲で留めてありますし、素材はZDP-189という高速度工具鋼で、工具の材料として開発された鋼です。鍛造の際、ハンマーで表面を叩いてランダムに穴をつくっていくことで描き出しているのが、渦を思わせるダマスカスの繊細な模様になります。

　これは、ロールスロイスをつくる技術と、F1を走る車の素材でつくりあげられた、本当に最高級の包丁です。また、日本の職人が、裕福なコレクターから、世界中にいる見る目のある料理人にいたるまで、あらゆる要望にいかに的確に応えてきているかを如実に示すものでもあります。ハイテク鋼は驚くほど強靭で、それを示すにたる多様な仕事ができ、いざ使ってみればわかりますが、長期にわたってとびきりの切れ味を維持できるのです。いつか、大金持ちになった日には、わたしもこんな包丁を手にしたいと思っています。そして、それを保管しておく金庫室も。それから、包丁研ぎ専属のスタッフも……。

三徳

刃渡り：180ミリ
全長：300ミリ
重さ：302グラム
製造：さくら
素材：合わせ鍛造、R2 101 積層ダマスカス鋼、黒檀
用途：多目的

　今や三徳は日本の家庭で最もよく使われている包丁であり、理想的な多目的キッチンナイフとして世界中にも広がっています。見習いシェフのナイフロール（44、212ページを参照）にも往々にして、シェフナイフとともに三徳が入っています。

　三徳という名前の由来ははっきりせず、魚／肉／野菜という3種類の素材が切れるからなのか、みじん切り／薄切り／たたき切りの3種類の切り方ができるからなのか、柳刃、出刃、薄刃という伝統的な3種類の包丁の機能の多くを有しているからなのか、諸説が入り混じっています。

　両刃で、西洋風の形をしていることから、牛刀の特殊なタイプと見なされることもありますが、その歴史はもっと複雑なのではないでしょうか。三徳の刀身は、シェフナイフの腹ほどカーブがきつくありません。またその使い方に関しては、さまざまな点で薄刃と菜刀の影響が見られます。三徳の人気が世界中で高まってきているのはむしろ、食事や調理方法の変化に関係があると思うのです。わたしたちはもはや、フランス風の肉ばかり出てくる料理が最高だなどとは考えません。むしろ他の文化に目を向けて、より多くの野菜を食事にとり入れるようになってきています。したがって、昔からあるシェフナイフがいずれいたるところで、もっと多様な食事、野菜を見直す風潮に影響を受けた、一段と新しくて軽いタイプのナイフにとってかわられても、おそらく驚きはしないでしょう。

ペティナイフ

刃渡り：120ミリ
全長：228ミリ
重さ：63グラム
製造：タダフサ
素材：ハンマー鍛造、3枚打ち青紙2号鋼、アフリカン・ローズウッド
用途：野菜、家禽、骨なし肉に汎用

刃渡り：150ミリ
全長：267ミリ
重さ：81グラム
製造：高村
素材：SG-2（R2）粉末鋼、パッカーウッド
用途：同上

　フランス語の"PETIT（プチ）"からきているペティは、小さな両刃のユーティリティナイフですが、今やちょっとした万能ナイフのようになってきています。現在、日本の製造業者の多くがペティナイフをつくっています。長さは110ミリから150ミリで、形は、昔ながらのフランス風シェフナイフをほっそりさせたタイプです。

　ペティナイフは薄くて軽く、多少の柔軟性もあり、野菜の皮むきや余分なところを切りとったり、ハーブを刻んだりと、汎用性があります。刃元はかなり目立ちますが、ナイフ全体は小さいので、ハンマーグリップには向きません。したがって、通常はツバの前でピンチグリップにします。

　ペティナイフには指を保護するものがないため、いくつかの製造業者が、それを埋め合わせるペティナイフを考案しました。刃の一部を折り曲げてナイフに角度をつけ、まな板に手が触れないようにしたのです。とはいえ、どう見てもおしゃれな形からはほど遠く、厳選されたナイフセットに入れられることはありません。

　かわりに、軽くて扱いやすい、一段と小さなペティナイフが、まな板から離して使えるコンパクトなナイフとしていい仕事をしています。

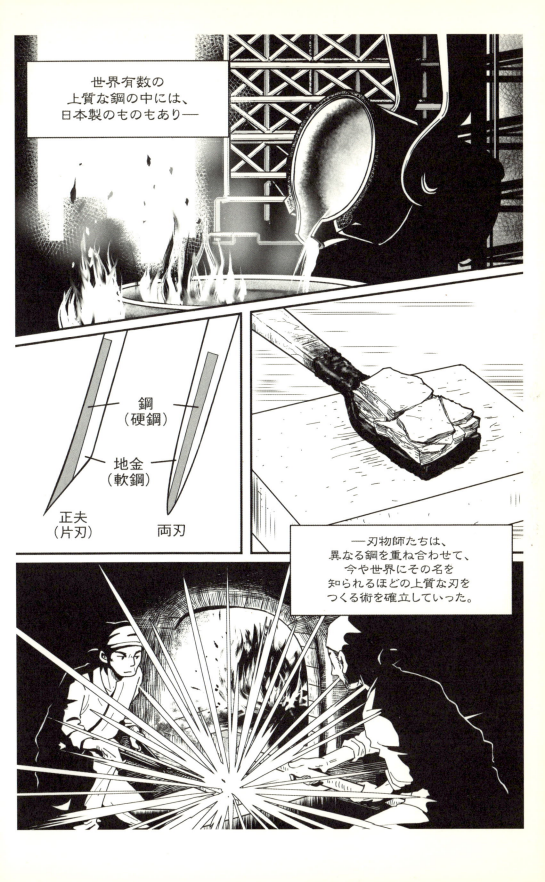

寿司切り

刃渡り：200ミリ
全長：360ミリ
重さ：372グラム
製造：堺孝行
素材：本鍛造、白紙鋼、ホオノキ（モクレン科）、サーモプラスチック
用途：寿司を切る際に汎用

　寿司の中には、長い棒状につくるものもあり、それは供する直前に食べやすい大きさに切り分けます。巻いてあるネタの魚は一気に切らなければなりませんし、のりは湿気ったり破けたりしないようにしなければならず、格別切れ味の鋭い刃でなければ、切るのは難しいでしょう。酢飯は粘りがありますから、すぐに刃についてしまいます。したがって、濡れ布巾でこまめに刃を拭かなければなりません。一般的な柳刃でもきれいに切ることはできますが、寿司切りは、押し寿司や巻き寿司を最も見映えよく切るためだけに生み出された包丁です。

　刃は片刃で、軽量です。寿司を切ることだけが目的ですから、複雑な多層刃も、柳刃のような太い峰も必要ありません。寿司切りの方が薄く、むしろ薄刃に少し似ています。刃は長く、幅が広くなっています。これによって、切っ先を押し入れ、そのまま一気に手前に引いてくることができるのです。

うなぎ裂きと目打ち

刃渡り：160ミリ
全長：272ミリ
重さ：298グラム
製造：三悦
素材：合わせ鍛造、白紙鋼、ホオノキ（モクレン科）、水牛の角
用途：うなぎを開き、骨や内臓をとり、切り分ける

　うなぎは昔から和食の定番です。生きたまま購入するので、調理の前に開いて内臓をとらなければなりません。

　魚介類を食べさせる店や鮮魚店は多くがこれを、鮮度の証しとして客の目の前で行います。首のところをさっと浅く切って絞め、頭部を目打ちでまな板に固定します。それからうなぎの体をしっかりとのばし、内臓を傷つけないよう巧みに、切っ先を使って背中を一気に開いていきます。その後、内臓をとり出しますが、その際使うのは刃の平面です。刃をすっとすべらせるようにして中骨を切りとれば、あとは調理をするだけです。

　西洋の料理人がうなぎ裂きを必要とするような状況はまずありません。もし必要とする場合でも、このようなさばき方ができるようになるまでには何年もかかるでしょう。とはいえ、単に魚をさばくために使っていた出刃が、この特殊な状況の中でどのように変化し、非常に特化した道具となっていったのかを見るのは、面白いものです。

和包丁の用語

刃（は）	ブレード
切り（き）	カッター／カット
包丁（ほうちょう）	キッチンナイフ
職人（しょくにん）	クラフツマン／アーティザン
正夫（片刃）（しょうぶ　かたば）	シングル・グラインド
両刃（りょうば）	ダブル・グラインド
本刃つけ（ほんば）	新しい包丁を目的に応じて研ぎ直す
小刃（こば）	角度をつけること
角（かく）	スクエア（四角）
厚（あつ）	厚いまたは重い
小（こ）	小さい
身卸（みおろし）	魚をおろす
桂むき（かつら）	回しながら切る
裂き（さ）	裂くこと
引き（ひ）	引くこと
霞（かすみ）	霧、包む、覆う
合わせ（あ）	合わせること
柳（やなぎ）	ウィロー
地金（じがね）	軟鋼
鋼（はがね）	硬鋼
三枚打ち（さんまいうち）	地金で鋼を挟んだ3枚構造
墨流し（すみながし）	墨汁を水にたらした際にできる模様の芸術
柄（え）	ハンドル
柄尻（えじり）	ハンドルの末端
角巻（かくまき）	口金／ツバ
あご	刃元
峰または背（みね　せ）	スパイン
面または平（つら　ひら）	平らな面
切れ刃（きれば）	刃表の研いだ斜めの面
しのぎ	平と切れ刃のあいだの筋
刃先（はさき）	刃のついている部分
切っ先（きっさき）	先端
マチ	刃身が柄に入る部分の段差（露出していることもある）

むねマチ	峰側の段差
刃マチ ^は	刃側の段差
刃紋 ^{はもん}	焼きの跡
肌 ^{はだ}	木目柄
和 ^わ	日本または日本式
洋 ^{よう}	西洋式
鱈 ^{たら}	コッド
鮭 ^{さけ}	サーモン
ウナギ	イール
タコ	オクトパス
フグ	ブロウフィッシュ
豚 ^{ぶた}	ピッグ／ポーク
筋 ^{すじ}	腱
麺 ^{めん}	ヌードル

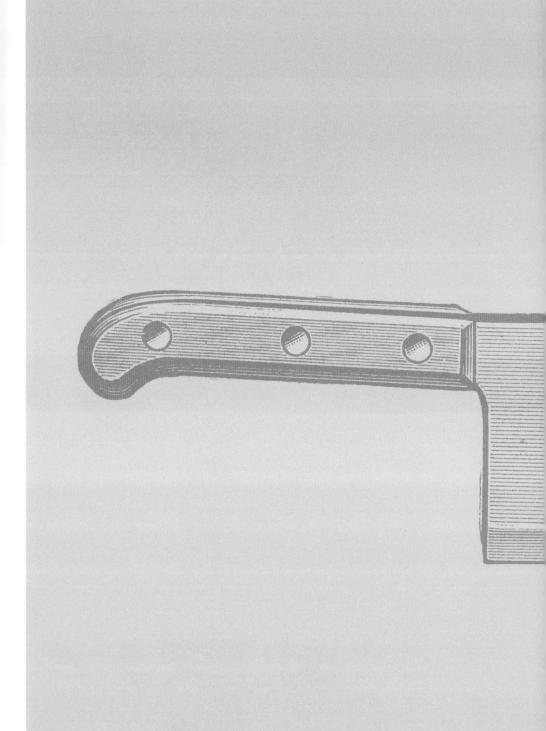

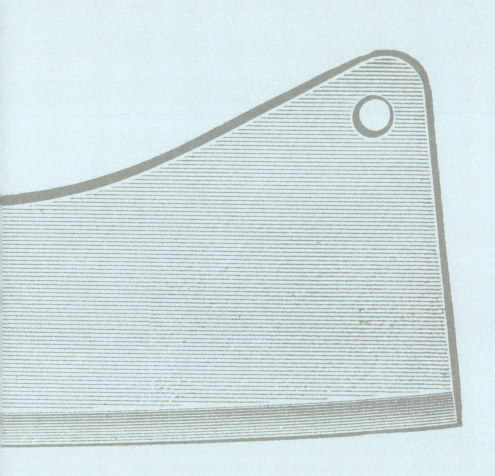

業務用の包丁／ナイフ

ブッチャーナイフ

　食肉処理の技術は、国によって違うわけではありません。英国内を見ただけでも、各地方の精肉店で多様な切り方が行われるようになっていきました。チャンプだのチャック、フェザーブレイド、フィレットといった肉の部位を示す特殊な言葉は昔から、地方によって微妙に意味が違っていました。英国の精肉店がみな同じように理解していたものといえば、関節と"バンドソー"だけです。それでいて、英国人が一様に、骨つき肉の調理方法で最高だと考えているのはローストです。また、店頭でつねに最もよく売れる肉といえば、まるで儀式に使うかのように大きな骨つき肉の塊です。

　精肉店で使われるバンドソーは、大工の使うそれに見た目も機能も似ていて、大工が丸太を扱うように、精肉店でも食肉を扱えます。見るからに清潔なバンドソーを使えば、肉はあっというまにいくつもの塊にカットされていきます。昔からある"ラムショルダー"は、日曜の夕食の定番です。皿の上に置かれたきれいな四角い包みはなかなか素敵です。が、実は少なくとも1ダースは筋肉があり、食感もバラバラ、骨に筋に結合組織まで残っています。なのにそれをただ切り分けるだけなのです。とてもおいしそうにはきこえないでしょうが、英国の料理は"関節"とともに進化してきました。したがって、肉をローストする際非常に尊敬を集める技術といえば、とにかく不揃いに切り分けられた肉を、最高の味と食感になるように焼けることなのです。

　とはいえ、精肉店の流儀はそれだけではありません。もっとみなさんに賛同していただける進化もあります。それが可能な場所では、関節の接合部にあるシームにそって、大きな肉の塊を個々の筋肉や筋肉群に分けていくことができるのです。その際、意外にもほとんど道具は必要ありません。最初に、曲線を描く短いブッチャーナイフで切っていきますが、精肉店ではナイフの表面はもとより、裏面も使います。切れ味の鈍い刃で、しっかりと骨についている肉をこそげるようにとっていくのです。もっと珍しいのは"チェーンメール手袋"でしょう（152ページを参照）。これは、刃から反対の手を守るためにはめるものだと概して思われていますが、むしろ精肉店の場合は、筋肉を引きはがしていく際に包丁をしっかりと握っているためにはめているのです。シームにそって切っていくには違った技術を要します。また、代々修行をしてきた英国の精肉店でも、往々にして学び直すことが求められますが、とても割りのいい仕事にはなります。たとえばラムの場合、以前であれば肩と首の肉、さらに多少のひき肉しかとれなかったものが、シームにそって解体していけば、さまざまなサイズや質感の肉が1ダース以上もカットできるのです。いずれも調理しやすく、値段も手頃で、しかもおいしくいただけます。ちなみにこのカット肉は、焼いたり煮こんだりするよりも、炒めるのが一番です。

　したがって英国の精肉店のナイフセットは通常、いつでも切れ味抜群のステーキナイフとボーニングナイフ、それにバンドソーとクレーバーナイフになります。もちろん、重いナイフと軽いクレ

ーバーの機能を合わせた、いろいろな形の道具を用いる、他のやり方や文化もあるでしょう。

　長きにわたって、地方の精肉店は鋭利なナイフのいわば専門家でした。多くの精肉店が当然のように研磨機を持っていましたし、料理や家事について書かれた初期の本には、家庭で使うナイフは定期的に精肉店に持っていって研いでもらうように記されていたのです。けれど、こうした精肉店に頼むナイフ研ぎも、"ダイヤモンドスチール"の登場で急速に変わっていきました。

　それまでの鋼砥が、ナイフを研いで角度を直し、きれいに整えるだけだったのに対して、少量の高質な研磨材（通常はダイヤモンドの粉末）でコーティングした新しい鋼砥は、実質的に刃から金属を除去してくれるのです[※1]。そんなダイヤモンドスチールなら、専門的な技術などほぼ必要ないまま、どんな刃でもあっというまに適切な角度をつけることができます。ただしこの鋼砥は、恐ろしいスピードで刃を減らしてもいきます。昔ながらの研ぎ機は今でも多くの精肉店で使われ、弟子たちにもその使い方が伝授されてはいますが、昨今は大半の精肉店がこの鋼砥を使い、大量生産されている、より安い業務用ナイフを利用しています[※2]。定期的に新しいものにとりかえることができるからです。

※1　205ページを参照。
※2　片刃で、鋳造されたプラスチックの柄、細菌が入りこみやすいごく小さなひびや継ぎ目のないナイフも、安全性の観点から広く好まれています。

ステーキナイフ／シミター

刃渡り：260ミリ
全長：390ミリ
製造：フォーシュナー／ビクトリノックス
素材：ステンレス鋼、ローズウッド
原産国：米国
用途：骨つき肉をスッパリ切る、通常のスライス

　ステーキナイフあるいはシミターは、ブッチャーナイフのステレオタイプです。長い刃は、大きな筋肉群を切ったり、柳刃のように、刃を押したり引いたりする回数をなるべく少なくして、美しい切り口をつくるためです。刃はとても大きいので、小さい肉や軟骨を切る場合には注意しなければなりません。ちなみに、切っ先に向かって刃幅が広くなっているため、重心が柄から遠くなり、それによってハンマーのように振りおろすこともできます。先端の形はまた、硬い骨や関節を切る際、ナイフを均等に押しさげられるよう、利き手と反対の手にもしっくりくるようになっています。

　シミターは三日月刀という意味で、アジアと中東全域で見られる湾曲した剣の形に由来し、ステーキナイフの刃先の形に言及したものです。またこの形状のおかげで、刃を激しく上下に動かして肉を切り刻み、ひき肉にすることもできます。

　ステーキナイフはナイフの中でも面白いタイプで、多種多様な目的に使えるよう進化してきました。精肉店で一般的に使われる道具、それも特に店頭で使われる道具なら、これ1本あれば充分です。いつも手近にあって、たいていの仕事に対応できます。シェフナイフと同じで、通常ステーキナイフの刃渡りは20センチから25センチくらいです。

（写真のナイフが初めて仕事をしたのは精肉店ですが、この30年はケンブリッジにあるわたしのパン屋でチェルシーバンズを切っています。）

フイユ・ドゥ・ブーシェ

刃渡り：270ミリ
全長：410ミリ
重さ：902グラム
製造：バーゴイン／フィッシャー
素材：ステンレス鋼、ABSサーモプラスチック
原産国：フランス
用途：吊るしたり、作業台に置いた処理済みの動物を解体し、肉や小さな骨を切り分け、肉をさいの目に切ることを含めた、精肉店での汎用

　フイユ・ドゥ・ブーシェは、フランス風のブッチャーナイフとクレーバーです。見た目は英国伝統のクレーバーとよく似ていますが、実際にはより軽く、鋭利で、まったく異なる使い方をする目的でデザインされています。

　英国や米国の精肉店では、吊るした処理済みの動物や塊肉にクレーバーを使います。まずシミターで切って骨や関節をむき出しにしてから、重いクレーバーに替え、刀身の面積の広い両刃で、骨を叩き切っていくのです。フイユ・ドゥ・ブーシェは、大きなナイフと軽いクレーバーの機能を併せ持っています。小さな関節を断ち切ることもできるうえ、カーブしている切っ先を軸にして、ステーキ用に肉をスライスしたり、細かく刻んだりするのにも使えるのです。

　フイユ・ドゥ・ブーシェの刃は、中国の菜刀のようになかごが柄に通してあります。ちなみに、骨を叩き切ることを考慮して接合部を強化するため、金属製のチークピースを2枚付加することもあります。鋲も、むき出しの接合部もない丸い柄は、衛生面から考えると、英国スタイルのものに比べてはるかに簡単に維持しておけるでしょう。

　フイユ・ドゥ・ブーシェは、羊の肉をさばくのには適しているかもしれませんが、大きな牛にはおそらく（あくまでも"おそらく"ですが）向かないと思います。そのため、精肉店では昔からずっと、より大きなフイユ・ドゥ・ブーシェを使っていました。斧のような、通常よりも長い、たわむほどの柄がついているそれを2人がかりで持って、背骨で吊るした動物を解体していたのですが、昨今はバンドソーを使っているようです。

フランスのいろいろなクレーバー

フイユ・ドゥ・ブーシェ・ドゥ・ド・ドロワ

フイユ・ドゥ・ブーシェ・ド・サントル

フイユ・ドゥ・ブーシェ・ベルジュ

フイユ・ドゥ・ブーシェ・スユイス

クプレ・ドゥ・ブーシェ・パリズィアン

クプレ・ドゥ・キュイジンヌ

ボーニングナイフ

刃渡り：142ミリ
全長：271ミリ
重さ：94グラム
製造：フォーシュナー／ビクトリノックス
素材：ステンレス鋼、ローズウッド
原産国：米国
用途：吊るした処理済みの動物の解体、作業台の上での骨抜き

　これは食肉処理業者の使うボーニングナイフです。バリエーションは無限にあり、シェフが持っている同じ名前のナイフとはまるで違います。
　卸売市場の食肉処理業者（あるいは地元の精肉店で働く人）は、つねにナイフを使っているので、切れ味が鈍らないよう、日々まめに研いでいます。そのため、買ってから何日もしないうちに刃の形が変わっていき、半年以上保つことはまずありません。
　シェフが、骨にそってナイフをすべらせながら、小さな肉の塊を丁寧に切り分けていくのに対して、食肉処理業者は往々にして、吊るしてあるか作業台の上に置いてある、1頭の動物から、大きくて重い肉の塊を切り分けていきます。卸売市場で働く腕のいい食肉処理業者を見ればおわかりだと思いますが、ナイフを使う人なら誰もがよく知っている一般的な持ち方を頻繁に変えて、逆手に持っています。まるで"突き刺す"ような持ち方です。これによって、薄くて硬い刃を深く差しこんで骨にそって動かし、関節の周りの靱帯を切断することができるのです。1トン以上もある牛の体を支えてきた関節は、遺伝子工学でつくられた人工骨のように恐ろしく硬くなっています。カレイの皮をはぐのに使うナイフで切れるようなものではとてもありません。背骨がことさら硬い動物は、巨大な球関節の力も強いので、それを支える大綱のような腱を切るには、ナイフの先端も充分に研いでおくことが求められます。
　まるまる1頭分の肉を解体する腕のいい食肉処理業者は、誰よりも巧みにボーニングナイフを使いこなします。外科医よろしく関節を見定めると、それを支える靱帯をそこここで切断し、巨大な肉の塊を意のままの大きさに切り分けていくのです。

形を変える

　ナイフを選ぶ際、まず考えることの1つがその形かもしれません。目的にかなった形をだいたい決めたら、次はおそらく、実際に何本か握ってみて、手に一番しっくりくるものを探します。まだ使いはじめたばかりのころは、何となく違和感を覚えますが、運悪く間違った選択でもしていない限りはすぐに、仕事のやり方や切り方、握り方や筋肉の記憶がナイフに適応していきます。多くの人にとっては、こちらからナイフに適応していくというのが、新しいナイフに慣れていく際の過程でしょう。けれど、長いあいだナイフを使って仕事をしている人は、別の過程をへていきます。つまり、ナイフを自分に適応させていくのです。

　日本の刃物店で包丁を買うと、通常は自分好みの形に刃を研いでくれます。先端は片刃に、柄の方は一部もしくは全体を両刃に変えてもらう料理人もいます。みなさん、自分の切り方を熟知しているのです。繊細な素材は切っ先や腹で切り、硬いものを切ったり関節を切断しなければならないときはつねに、刃元を使います。また西洋の料理人の中には、ボーニングナイフの切れ味をよくするために、切っ先近くの峰を少し研ぐ人もいます（46ページを参照）。

　日々ナイフを使い、研いでいれば、その形はわずかながら変わっていくでしょう。1日に20頭もの牛をさばく食肉処理業者は、ところどころの刃幅が1センチないナイフを巧みに使いこなしています。使いはじめたときはもちろん、均一の刃幅のボーニングナイフでしたが、仕事をしていく中で、ナイフが業者に適応していったのです。業者は、握り方や使い方を微妙に変えていきました。そのナイフは他の誰が持ってもしっくりくることはなく、使いにくいと思うでしょう。いつの日か、このナイフの寿命がきたら、新しいナイフに替えなければなりませんが、そのときこの業者は数日かけて、また一からナイフを自分に馴染ませていかなければならないのです。

ボーニングゴージ

刃渡り：235ミリ
全長：345ミリ
重さ：346グラム
製造：マルティネス＆ガスコン
素材：ステンレス鋼、サーモプラスチック
原産国：スペイン
用途：周辺の肉を傷つけることなく大きな骨をとりはずす

　写真左側の美しいボーニングゴージは、スペインでつくられたものです。ハムの製造工場や精肉店で使われていました。大腿骨と脛骨にそって刃を入れ、塩漬けにしてハムをつくれるように肉を切りとり、骨をはずしていきます。まるで美しいエンジニアキットの1本のようなナイフ。複雑な複合曲線は機械加工によってつくり出されます。先端の曲線部分のみならず、両端も研がれています。

　ボーニングゴージは、ラムやシカの脚肉をさっと切るのにも活躍します。あとで切り分けるのが簡単になりますし、ちょっと変わった小さなくぼみがつくれるので、そこに独創性に富んだ詰め物をすることができるのです。ちなみにわたしは、本物のボーニングゴージを手に入れるまでずっと、写真右側にある、木材旋盤工が使う刃幅約3センチの丸ノミを使っていました。充分に代用できて何の不満もありませんでしたし、イーベイ（184ページを参照）でわずか5ポンドで買えました。

モーラ9151Pフィレットナイフと352Pガットフック

刃渡り：151ミリ（ガットフック　66ミリ）
全長：290ミリ（ガットフック　252ミリ）
重さ：99グラム（ガットフック　128グラム）
製造：モーラ
原産国：スウェーデン
素材：冷延スウェーデンステンレス鋼、ガラス強化ポリプロピレン
用途：大量の魚をさばく

　9151Pは、スウェーデンのモーラ社が、漁業および魚の加工業者のためにつくった一連のナイフの1本です。刃には多少の柔軟性があり、刃先も鋭くなっていますが、何より大事なのは、どんな過酷な使用にも耐えられることでしょう。柄はガラス強化ポリプロピレン製ですから、水分が入りこむことはなく、刃が錆びる心配もありません。さらに、揺れる船上でゴム手袋をしたままでもしっかり握っていられるよう、また冷たい海水や魚の血がしみこまないよう、きちんとした仕あげも施してあります。厨房で繊細に魚をさばくためではなく、あくまでも大量の魚をすばやくどんどんさばいていくためにつくられたナイフです。

　ガットフックは、峰を湾曲させることで、短く鋭利な刃を守っています。内臓を傷つけることなく、一気に腹を開くことができます。

　どちらも見事なつくりですが、素材にもデザインにも華やかな要素はありません。あくまでも仕事の道具として、値段を重視しているからです。この手のナイフを単体で売ってくれる業者もあるかもしれませんが、通常は10本セットでの販売になります。徹頭徹尾仕事の効率だけを考えてつくられたナイフなので、無意味な仕掛けだの不要な装飾だのに煩わされることもありません。そのおかげで、ナイフ本来の崇高な機能美を見ることができるのです。

ゲンゾフィールドブッチャーキット

・・

刃渡り：130-160ミリ
全長：220-300ミリ
重さ：85-120グラム
製造：ゲンゾ
素材：440グレードステンレス鋼、人目を引くサーモプラスチック、サントプレーンのグリップ
原産国：スウェーデン
用途：野外で動物の体から皮をはぎ、内臓をとり出し、解体する

・・

　本格的な狩猟に興じているうちに、気がつけば周りには誰もおらず、そばにあるのは仕留めた大きな獲物だけ、ということがあるものです。そんなとき、仕留めてすぐに適切な処理をしなければ、大半の獲物がすぐに傷んでしまいます。したがって、野外で血抜きをし、内臓をとり出し、ときには皮をはがなければなりません。手を貸してくれる人や輸送手段があるなら、獲物の肉も丸ごと活用できますが、そうでなければ、一番おいしい部位だけを持ち帰り、あとは自然界の清掃動物に任せましょう。

　スウェーデンの企業ゲンゾは、漁師やアウトドアマン向けのナイフを製造しています。このフィールドブッチャーキットに含まれているのは、精肉店などで使われるステーキナイフにボーニングナイフ、刃が湾曲した皮はぎ用のナイフ、内臓をとり出す逆刃のガットナイフ、それに鋼砥（はがねと）です。

　雑菌などが入らないよう、できれば地面から離して解体したいので、キットはベルトにつけたホルスターに入れておけば、吊るした獲物の処理を簡単に行うことができます。

　獲物を吊るすための充分な長さのロープをのぞけば、このキットには、大きな動物を解体して、手頃な大きさの肉に切り分けていくための道具がすべて揃っていますから、一番近いキッチンが何百キロと離れていても、大丈夫です。

チェーンメール手袋

刃渡り：不適用
全長：252ミリ
重さ：212グラム
製造：金華ブリージー機械
素材：ステンレス鋼、ナイロン
原産国：中国
用途：大量に切る作業や牡蠣の殻むきの際に手を保護する、筋切りの際に柄の握りをよくする

　ええ、もちろんわかっています、厳密にいえばチェーンメール手袋はナイフではありません。しかし、今や精肉店にとってなくてはならない道具になってきているのです。そしてその理由は、非常に興味深いものといえます。
　もともとチェーンメール手袋は、肉や魚を扱う店で使われていました。ナイフを持っていない方の手を守るためです。朝から晩まで、すべりやすい肉や魚を相手にしている人たちにとって、鋭利な刃から利き手と反対の手を守るためのものをつけるというのは、とてもいいことでした。そして、このどことなく中世を思わせる手袋は、まさにこういった仕事にぴったりだったのです(※1)（最近は、チェーンメール手袋と同じようにしっかりと手を保護してくれる、より軽量の、ケブラーという繊維でできた秀逸なカット耐性の手袋があります）。
　けれど昨今、このチェーンメール手袋が人気を得てきているのは、シームにそって解体していく道具としてです。これは、処理済みの動物の体から個々の筋肉を切り離してのち、1つ1つより均等な大きさに切り分けていく方法で、滑りやすい肉をしっかりと押さえたうえで、ナイフを使わずに肉を筋肉から引きはがしていく技術も要求されます。そのためにぴったりなのが、チェーンメール手袋というわけです。左右どちらの手にもつけられて、最高の握りができ、通気性もよく、1日の終わりには食洗機に放りこめます。
　ケブラーもチェーンメール手袋も、数ポンドあればオンラインで購入できます。念のために持っておいても決して損はしないでしょう。

※1 チェーンメール手袋を買っておけば、牡蠣の殻を開けようというときにもおおいに役立ちます。殻をしっかりと押さえておくことができますから、落ちこむほど大量の血を流すことはほぼ確実にないでしょう。

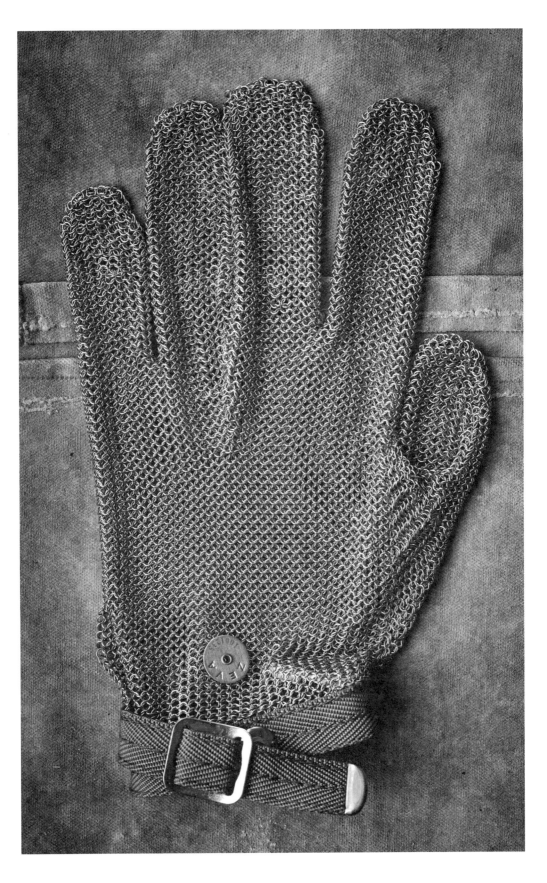

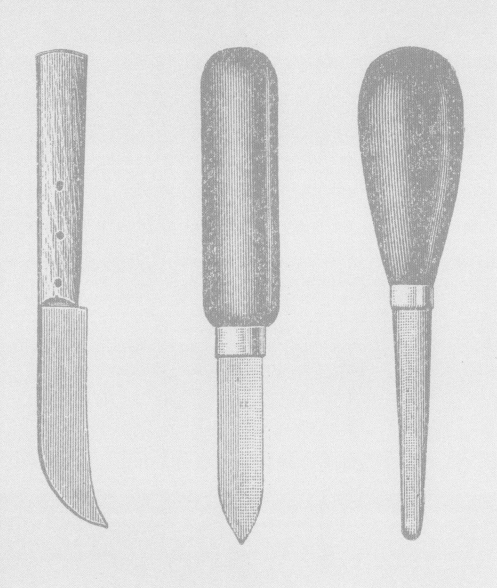

特殊な包丁／ナイフ

オイスターナイフ

刃渡り：63ミリ
全長：160ミリ
重さ：35グラム
製造：ル・ロワ・ドゥ・ラ・クペ
素材：ステンレス鋼、木材、サーモプラスチック
原産国：フランス
用途：牡蠣の殻をむく

　牡蠣は、動物性食品の中でも独特です。多量の海水を含んだ殻に閉じこもることで陸地での生存を可能にし、食卓に並ぶ際にまだ生きていることもあります。アクアラングの逆のような形といえます。殻の中の牡蠣は、蓄えた健康的な（しかも絶品の）脂肪と、硬い（しかも絶品の）筋肉からなり、筋肉を使って、殻をぴたりと閉ざしておくのです。その頑強さには、いただく側も敬服せざるをえません。

　牙もかぎ爪も毒もなければ、火を噴く能力もない牡蠣は、実におとなしい生き物です。にもかかわらず、毎年牡蠣のせいで病院に送りこまれる人間は、最も凶暴な猛禽によるそれよりもはるかに多いのです。美味なる身を口にしようと思ったら、殻をこじ開け、筋肉を切らなければなりません。その際、殻はゴツゴツして痛いし、てこの力が働くこともわかっているので、たいていの人は慎重に格闘していきますが、それでもやはり、何度かは手を傷つけてしまいます。

　オイスターナイフの形は多様です。人気の形は、刃が短くて厚く、ハート型で、柄と刃の境目には、ツバ状のがっしりとした防護具がついており、ナイフが勢いあまってすべり、牡蠣の身や母指球を傷つけないようデザインされたものです。（チェーンメール手袋と使うと）いい道具ですが、繊細さには欠けます。牡蠣好きでよく食べる人や、牡蠣の殻むき職人はたいてい、より薄いナイフを使います。それだと、練習すれば、殻の外周の一番弱いところに簡単に刃をすべりこませ、鋭利な刃で筋肉をさっと断ち切れます。タフな船乗りの息子たちが代々やってきたように、シンプルなペンナイフでも殻は開けられますが、その際は必ず、刃を固定できるタイプを使ってください。さもないと、殻ではなく指を切って、救急外来の先生と牡蠣を食べる羽目になります。

　写真のタイプは、フランスでは誰もが使っており、デザインもシンプルで、非常に安価です。どんなに慣れた人でも、ことのほか開けにくい殻に当たり、刃を折ることもありますが、買い換えの際にも、さほど財布は痛みません。

チーズナイフ

刃渡り：さまざま
全長：さまざま
重さ：さまざま
製造：ロッキンガム工房（パルメザンナイフはファーマ）
素材：18/10ステンレス鋼、エポキシ樹脂入りの木材
原産国：英国、イタリア
用途：チーズを切り、供する

　食事に欠かせないナイフについて、人は矛盾しています。肉切り包丁は食器棚に、鋭利なナイフはつねにキッチンにあり、食卓に並ぶのは、ステーキナイフ（66ページを参照）以外鈍角なものばかりです。

　チーズナイフ誕生の経緯は簡単におわかりでしょう。想像してみてください。農場で働く人が、折り畳み式のナイフでケアフィリチーズの塊を切り、友人に渡そうとしているところを。これは、よりマナーを重んじる食卓ではうまいやり方とはいえません。先端が細かく分かれているおしゃれなフォークと並んでいる上品なテーブルナイフをもってしても、チーズとなれば、多少は"突き刺したい"思いに駆られるもの。だからこそ、先端がきれいに反り返った形が生まれてきたのです。チーズナイフが多少の高級感を漂わせていることは否めませんが、だからといって腹を立てる人などいません。しかもこのナイフは、目新しい道具が続々と誕生してきた革新的な1950年代を通してずっと、テーブルを優雅に飾ってきたのです。

　とはいえ、わたしたちが食後のチーズを大胆に選ぶようになってくるにつれて、問題が出てきます。くさび形に切るブリーチーズは扱いにくく、やたらと刃につくので、それを手でとらなければならなくなったのです。どう転んでも上品とはいいがたい行為でした。この何とも忌々しい問題を解決するために誕生したのが、刃に穴の開いたソフトチーズナイフだったのです。

　今ではチーズナイフセットの購入も可能です。小さな肉切り包丁風のナイフを含むものもあり、各刃の形について、こじつけのような説明を印刷した、かわいい箱に入っているのがつねです。

　ただし、パルメザンナイフはその何ともいかめしい形がさほど変わっていません。硬いパルメザンチーズは、切るよりも砕いた方が、その極上の質感と、いたるところできらめくアミノ酸の結晶をよりよく見せられます。その点この小さくて厳ついナイフは、チーズの表面にしっかりと突き刺せます。そして、ドアノブのような柄にかかるてこの力を利用し、きれいな切り口を残したうえで、厚みのあるチーズを切りとれるのです。

修理と改良

わたしは映画からの引用がお気に入りで、そのうちの1つが『レイダース／失われたアーク』からです。元恋人マリオン・レイヴンウッドに、くたびれている理由を説明する際、インディ・ジョーンズが低く重々しい声でいいます、「年月のせいじゃない。経験のせいさ」

多くの疲れている年配の方々のように、誇りを失わず、重ねてきた心と体の傷がその人の個性となっている、という考えが大好きです。そして、そんな人間の傷と同様、ナイフを修理したり、改良することで、ナイフにも強い個性を付与しているのです。

多くのシェフが自分のナイフに手を加えていますが、その最もシンプルなものといえば、自分のイニシャルや名前をつけることでしょう。熱した針や串を使えば、プラスチックの柄にも名前を刻めます。ネイルポリッシュでも可能でしょう（46ページのサバティエの柄には、消えかけているものの、実に素敵なヘンリー・ハリスのイニシャルが残っています）。年季の入った木の柄なら、73ページのナット・ギルピンのナイフのように、他の刃を使って簡単に独自の印が彫れます。また昨今は多くのナイフショップが、刃に名前を彫ってくれます。まあ、それでジョーンズ博士のようなたくましさや大胆さはさほど感じられないでしょうが。

包丁が傷つけば、まだ使えるよう、そして傷ついた部位を強化するよう、修理します。右ページの写真を見てください。フェノール樹脂の柄がひび割れています。よかれと思って、食洗機に入れた結果です。持ち主は、動揺がおさまってから、ひび割れに"フィモ"（模型などをつくるときに使う空気乾燥粘土。アートショップなどで購入可）を埋めこみました。これで、もう誰もナイフを食洗機に入れなければ、この先まだ何年も使えます。

写真の美しい炭素鋼の阪骨は、うっかり石の床に落として、先端が折れてしまいました。けれど、荒砥石（202ページを参照）で半時間ほど研ぎ、持ち主の希望に合わせて折れた先端をつくり直したのです。おかげで、役に立つうえ、2つとない素敵な阪骨になりました。

改良は、修理よりもむしろ、より楽しく使えるナイフにすることに重点が置かれています。長く使っていたツバのない菜刀は、特に濡れた手で持つと滑り、人差し指の第2関節が峰に当たっていました。そこですべらないよう、魚をさばく際に使う長いひもを巻きつけたのです。

"スグル"はシリコンベースの素材で、手で簡単に成形でき、乾けばゴムのように硬くなります。プロダクトデザイナーや不器用な人、マニアが愛用する"スグル"は、"改良した"ドローンやエスプレッソマシン、レーシングバイクのギアレバーといった最先端の道具や装置でよく目にします。こうした改良には、昔からひもを使ってきましたが、この"スグル"があれば、先端技術を駆使した改良ができることにいずれ誰かが気づくでしょう。要は、いつ気づくかだけです。

ナイフの修理や改良は、病気や怪我で苦しむペットの世話に似ています。多少見た目が悪くなっても、もとに戻れば嬉しいもの。それに、一段と愛おしくもなります。

マッシュルームナイフ

オピネル
刃渡り：70ミリ
全長：205ミリ
重さ：48グラム
製造：オピネル
素材：サンドビック12C27ステンレス鋼、オーク材、ブタ毛
原産国：フランス
用途：キノコを採取し、ゴミなどを払ってきれいにする

プーッコ
刃渡り：56ミリ
全長：200ミリ
重さ：52グラム
製造：該当なし（ノーブランドの手製）
素材：ステンレス鋼、極寒の地に生えるカーリーバーチ、枝角、真鍮、剛毛
原産国：フィンランド
用途：同上

　英国では、プラスチックの容器にきちんと詰められた、衛生的なキノコ以外は敬遠する傾向にありますが、特に北欧全域では、キノコ狩りはよく知られた娯楽です。
　肉切り包丁だのハッキングナイフ、クレーバーといった大型のナイフに比べると、マッシュルームナイフは実に小さく、繊細に見えます……が、キノコ本体のもっと大きな有機体である菌糸体は地面の下にあって、地表に出ている部分、人々が採取しているものは、実はそのごく一部の子実体に過ぎないので、マッシュルームナイフは小さくてしかるべきものなのです。キノコをとる際、地中にある菌糸体へのダメージを極力小さくできれば、菌糸体はその後もずっと定期的に子実体をつくり続けることができますから、キノコ狩りも長年にわたって楽しむことができるでしょう。少なくとも、理論上はそうです。
　マッシュルームナイフの短く鋭利な刃は、地表すれすれのところでキノコの柄をきれいに切れます。毛先のきちんと揃った小さなブラシは、胞子を飛び散らせたり、ヒダを傷つけることなく、キノコについたゴミをとりのぞけます。写真の2点のうち、左はオピネルのもので、フランスではよく目にしますし、右は、フィンランドにあるプーッコの伝統的なベルトナイフをベースにした小型タイプで、とても美しいナイフです。

トリュフスライサー

刃渡り：58ミリ
全長：173ミリ
重さ：98グラム
製造：パデルノ
素材：ステンレス鋼
原産国：カナダ
用途：トリュフ、チョコレート、パルメザン、ニンニク、からすみを薄く削る

　トリュフの質感は独特で、一般的なキノコに比べると硬く、木のような感じがしますが、根菜よりはやわらかです。香りがとても強いので、透けそうなほど薄く切って供さなければならず、また、香りがすぐに飛んでしまうため、食べる直前に、テーブルでスライスしなければなりません。トリュフスライサーまたはトリュフカッターはとても洗練されたデザインですから、お客様の前に出しても大丈夫です。あなたの気前のよさや食い意地の張り具合によって、スライスする厚さも調節できます。刃はカミソリのように鋭利です。

　黒トリュフには、この写真のような波形の刃が最適で、白トリュフにはまっすぐな刃の方がいい、といわれることがときにあります。ちなみにわたしは、写真のスライサーを使って黒白どちらも何の問題もなくきれいにスライスし、おいしくいただきました。ただ、チョコレートやパルメザン、ニンニクをスライスするのには、まっすぐな刃の方がいいでしょう。それ以外は、どちらの刃でもきれいにスライスできます。ただし、小さいとはいえ基本的にこれはスライサーであり、指を保護するものは何もついていません。したがって、充分気をつけていないと、トリュフをスライスするのと同じくらい簡単に指先もスライスして、恐ろしく痛い思いをするはめになります。

ブレッドナイフ

刃渡り：210ミリ
全長：310ミリ
重さ：130グラム
製造：プレステージ（スカイライン）
素材：ステンレス鋼、木材、クロムメッキした鋼フェルール
原産国：英国
用途：パンを切る

　鋸歯状のブレッドナイフは英国独自のものだとは、英国人もいいません。が、伝統的なフランスのナイフ類にもなく、和食にも必要ありません。小麦は多用されず、イーストパンの伝統もないのですから。パン焼きの初工業化も、煉瓦のような形の大きなローフパンを最初に好んで食べるようになった英国です。ローフパンのカットには特殊な道具があると便利です。焼きたてをきれいに切るのは難しいですが、1日ほどたてば、普通のナイフでも、慎重に切れば通常は問題ありませんし、耳もさほど硬くなっていません。けれど鋸歯状の刃(※1)は、どんな状態のパンを誰が切っても、ほぼきちんと、しかもたくさんスライスできます。おかげで、フワフワの分厚い白パンは、英国料理の文化の象徴となっていったのでした。

　美しいデザインのものはめったにないものの、ブレッドナイフはつねに、英国のキッチンにあります。たとえ、それなりにまともなナイフが他になくても、電子レンジで温めるだけの食品のフィルムをはがすのに、テーブルナイフでめった刺しにしたり、電子レンジから出したときには端の方が少し焦げてしまっているかもしれないようなキッチンにも、です。ブレッドナイフの存在は、きちんと手入れされた立派で美しいナイフへの意趣返しと考えられなくもありませんが、その機能性と普遍性は、ある種、恐ろしい魔力ともいえます。大半のシェフが口にします、キッチンで最悪の怪我はブレッドナイフによるものだと。鋭利だけれどごく普通のナイフは、切る際にほとんど力もいらず、動きも小さいのに対して、ブレッドナイフは鋸よろしく勢いよく切っていきます。それが普通の使い方であり、一般的なナイフよりもひどい怪我をしかねないというのは、そのためなのです(※2)。特に怖いのは、うっかりして手を切ること。英国のキッチンでずば抜けて多い怪我として、"ベーグル"を切る際の怪我が5位に入っています。

※1 同じブレッドナイフでも、シンプルな波形の刃ならば研げますが、このようにより複雑な鋸歯状の刃は難しいでしょう。
※2 関連のあるナイフとして、実に驚くべき刃の形をした、冷凍ナイフといわれるものが売られていることがあります。まさに木を切る鋸のような刃をしたこのナイフは、硬い冷凍食品を切るのに使われます。はっきりいって、恐ろしい代物です。

電動カービングナイフ

刃渡り：210ミリ
全長：498ミリ
重さ：767グラム
製造：シアーズ・ローバック
素材：ステンレス鋼、プラスチック
原産国：米国
用途：加熱調理した肉類や焼いた食品を切り分ける

　電動ナイフの特許が見られるようになってきたのは、戦時中、キッチンにある器具類の省力化の嵐が吹き荒れていたころでした。こうした電動ナイフは往々にして、カービングナイフと称されます。何となく、品もあり、ハクもついているようにきこえますが、実際は、鋸歯状のブレッドナイフと電気バリカンの技術を合わせたものに過ぎません。2枚の薄い刃は、クリップで緩めに留めてあるだけなので、簡単に前後にスライドさせることができます。したがって、あまり力を入れなくても、ほとんどのものは楽に切ることができます。

　電動カービングナイフは、1950年代および60年代の好景気に沸いていた当時は、フォンデュ・セットや魚用のナイフとともに、結婚祝いのプレゼントに最適なものの1つと考えられていました。その結果、今では多くの電動カービングナイフが食器棚の奥に隠れています。しかも往々にして、もとの箱に入ったまま。消費活動における世の中の流れが、ほんのひとときだけ、実用性よりもデザイン性を重視した時代の名残です。本書でとりあげているナイフは、美しく、高価なものばかりですが、そのすべてのナイフの中にあって、いささか奇妙な話ではあるものの、最も広範な文化的意味合いを有しているのは、おそらくこの電動カービングナイフでしょう。高まる一方の技術への信頼、どんどん廃番になっていく古い製品、戦後の消費経済が与えてくれる恩恵、強い社会的なあこがれ、マスメディア広告の力……それらすべての象徴が、とてつもなく非実用的な[※1]電動カービングナイフだったのです。

　写真の米国のナイフは、シアーズ・ローバックのものですが、壁にかけられるようになっています。電動の缶オープナーやキッチンに備えつけの電話とともに、新しい付属品を配したキッチンに人気の1品です。"アボカド"色と"チークもどき"を組み合わせた人目を引く配色が、"現代っぽさ"を演出しています。

※1 電動カービングナイフの使い道をようやく見つけたのは、映画やテレビの小道具やセットの制作会社、それに造船会社でした。これまでにない新しい素材、発泡ポリウレタンフォームを切るのに最適だと気づいたのです。

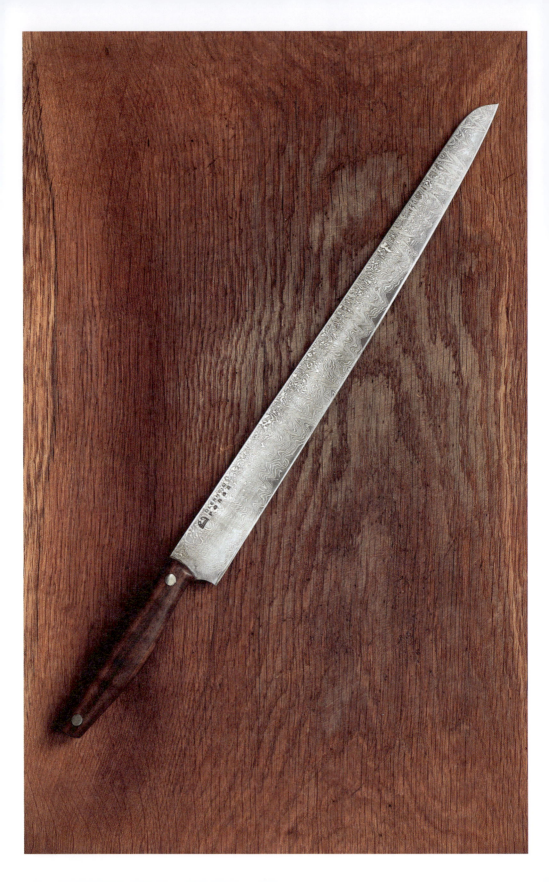

切り分ける

　中世の食卓では、大きな肉の塊は極めて高級な食べ物でした。それを切り分け、序列を間違えずに客人に順次配っていくのは、並大抵のことではなかったのです。食堂に集った客人は各自、自分が使う食卓用ナイフをベルトにさして持参していましたが、主賓の隣に立ち、とてつもなく大きな肉切り包丁を操るのは、今日のわたしたちからしてみたらおそらく、"危険な状況"以外の何ものでもなかったでしょう。したがって、肉を切り分ける役を任ぜられるのは、紳士のたしなみとして肉の切り分け方をきちんと学んだ、人望のある人物でした。

　1508年、ロンドンで印刷業を営むウィンキン・ド・ウォードは、"the Boke of Keruynge"つまり"肉の切り方の本"を出版しました。いわゆる初期の自己修養本で、宮廷や貴族の大邸宅で認められたいと願う若い男性を対象としたものです。正式な晩餐会で必要とされる技術をほとんど網羅しているうえ、多種多様な素材を切り分ける際に必要なあらゆる方法に関しても、よく引用される専門用語の長いリストを掲載しています(※1)。

　楽しいリストではありますが、残念ながら詳細は記されていません(※2)。ちなみに、当時の印刷物を読む限り、調理し、"垂直に"切り分けた肉は、串に刺して食卓に運んでいかなければならなかったのかもしれません。偉大な王ヘンリー8世も、わたしたちがドネル・ケバブを食べるように肉を食していたのかもしれないと思うと、何だかほっとします。

　肉を切り分けるという行為には、多くの文化において社会的に大きな意義があります。T・E・ロレンスはその著『知恵の七柱』で、砂漠のテントでフワイタートの人たちと食事をともにしたときの様子を記していますが、部族の面々はみな、米と焼いた羊の肉を山盛りにした真鍮の大きな皿から、客のためにそれぞれが肉を切り分けて、心からもてなしてくれたそうです。

　『肉の山が小さくなってくると(米飯には誰も見向きもしない。ご馳走の目当ては肉にある)、私たちと一緒に食べていたフワイタート族のかしらの一人が、ジャウフのムハンマド・ブン・ザリーの銘入りの、銀柄でトルコ石をちりばめた逸品の短刀を抜いて大きな骨から肉をはすかいに切り取り、指でもわけなく裂ける長い菱形にする。すべて片手で始末せねばならないので、必ずごく軟らかに煮込んである。』(『完全版 知恵の七柱2』田隅恒生訳49章より(※3))

　肉を切り分ける儀式で、今日にいたるまで変わらず広く行われていて、最も目を見張るのは、バーンズ・サパーでのものでしょう。ところ狭しと並べられた、湯気の立つ大量のハギスに猛然と突き立てられるのは、伝統的なスコットランドの短剣スキアン・ドゥです。

　我が英国の食べ物に関するイメージに大きな影響を与えた人物といえば、チャールズ・ディケンズです。彼は、豊かさ、繁栄、そして世間一般の正義の象徴として、家族の食事、楽しい食卓を用いました。大家族が集う食卓の上座で、豪快な音を立てながらナイフを研ぎ、まさに栄養を与える準備をし、自身の汗と努力の結晶を家族それぞれに配っていく家長は、ディケンズの思い描く健康

や幸せな社会の具体化そのものといえます。このイメージは、今日にいたるまでしっかりとわたしたちの文化的なDNAの中に組みこまれています。だからこそわたしたちは、家族揃って食卓を囲むことなどあるとしてもまれな場合や、できあいの食事を急いで詰めこんで終わりにするといったことに対して、罪悪感を覚えるのです。

　一般的なカービングナイフのセットなら、今日ではたいてい中古品販売店に行けば見つかりますが、中には独特なタイプのものがあります。すっかりくたびれた革張りの箱に入っているその中身は、今にも破れそうなガード板で支えられたナイフと二股のカービングフォーク、それに鋼砥なので、父親は儀式さながらに刃を研ぎ、カービングナイフを仕あげることができます。まあ通常は、父親が気負いすぎて刃先がガタガタになってしまいますが。柄はナイフもフォークも、象牙を模した白い骨か牡鹿の角で、わたしたちが決して手にすることがないであろう彼方の土地を彷彿とさせます。こうしたセットを今でも実際に使っている人をわたしは知りませんが、結婚祝いなり、祖父母が残しておいてくれたものは、依然として引き出しの奥に隠れていることでしょう。

　すっかり古ぼけて、なおざりにされているカービングナイフは、文化的損失の最も悲しい象徴かもしれません。ディケンズの描いたクリスマスの宴は、あくまでもつくり話です。希望的観測であり、プロパガンダですらあったかもしれません。わたしたちが想像する以上に、現実の世界ではまれなことなのでしょう。けれど、他の文化においてはいまだに家庭生活を営んでいくうえで欠かせない、家族みんなが集う食事、その食事をもはや家族とともにすることがなくなってしまったことを、わたしたちはみな、後悔しています。どうやって切り分ければいいのかを忘れてしまった人も多いでしょう。怖くて挑戦できないという人もいるかもしれませんが、大丈夫、簡単なことです。オーブンから料理を出したら、キッチンで銘々の皿に盛りつけるかわりに、そのままテーブルに運んでいき、誰かに敬意を表してナイフを渡し、切り分けてもらえばいいのです。

※1　鷺の脚は切断する
　　　鶴は切開する
　　　孔雀は解体する
　　　サンカノゴイは関節をはずす（訳注：鷺と同じ渉禽。今では食べられることはなく、絶滅危惧種である。）
　　　シャクシギは分解する
　　　キジは大きく広げる
　　　ヤマウズラは羽根をむしる
　　　ウズラは羽根をむしる
　　　千鳥は細かく刻む
　　　鳩は腿部をとる
　　　パスティは縁に折り目をつけて閉じる
　　　ヤマシギは腿部をとる
　　　他の小ぶりな鳥は腿部をとる
※2　しかしながら、当時の若い紳士たちには有益な情報を供しています。曰く、主人の着替えを手伝う際、その下着を暖炉の火の前で温めておけば覚えがめでたくなるだろうと。
※3　プロジェクト・グーテンベルクにてオンラインでの閲覧可能。食べ物に関する著作の中で、間違いなくわたしのこれまでで一番のお気に入りです。

切り分ける際の10のルール

>>> 1

切り分ける前に、肉を休ませます。その際の目安をいくつか挙げておきましょう。調理時間の1/3。肉の厚さ3センチごとに10分。1キロにつき20分。けれど一番いいのは、プローブ温度計を使うことです。肉の中心の温度が50度までさがったら、肉の筋繊維が充分に弛緩していますから、肉を切っても、せっかくの肉汁が全部お皿に流れ出してしまうことなく、肉の内部にしっかりととどまっています。適宜休ませた肉は、繊維に対して垂直に切っても、ボロボロになることなく、美しくスライスできます。

>>> 2

ナイフがきちんと切れるようになっているか確認します。一番長いカービングナイフを使えば当然、一切りの動きも長くなります。ゆっくりと切っていきましょう。切れ味鋭いナイフであれば、峰にそって指を置いてみてもいいかもしれません。刃を一段と意のままに動かせるようになります。

>>> 3

もちろん誰しも、つねに一定の厚みできれいに切り分けられたら、と思うでしょう。そう、客の好みに応じて肉を切り分けて出してくれるレストランの従業員のように。でも彼は日がな一日肉を切り分けているのです。そのうえ、少々火を通しすぎてしまった同じような肉を使って、おそらくうんざりするほど練習もしているのでしょう。ですから、心配は無用です。あなたがおいしく食べられると思う理想の厚みにきれいに切り分けられないからといって、恥じる必要はまるでありません。ちなみにわたしは、肉汁たっぷりの分厚い肉が好きです。

>>> 4

カービングフォークを使って、関節をしっかりと押さえておきます。ただし切るときは必ず、フォークの刃に平行に、もしくはフォークの刃から充分に離れたところを切ってください。関節をゴリゴリと切断してしまったり、切れ味鋭いナイフの刃がうっかりフォークの歯に出くわしてしまうことほど不快なことはめったにないのですから。プロは、家禽を切り分ける際、その脚や羽根をしっかりと押さえておくためにもフォークを活用します。脚の先に歯を突き刺し、それからフォークをねじります。脚を胴体から離し、ナイフを入れる場所を明確にするために必要なことなのです。

>>> 5

鳥肉を切り分けるときは、調理の前に叉骨をとりのぞいておくと、ずっと簡単です。そうしておけば、骨に邪魔されることなく、胸の肉をまっすぐにスライスできます。

>>> 6
　鶏と七面鳥は、調理前に腔内の股関節を探し、鋭利なナイフで腱に切れ目を入れておくのもいいでしょう。

>>> 7
　切り分ける準備ができたら、股関節のところでシンプルに垂直に切り、両脚をはずします。胸全体を切り分けます。ただし、できるなら、羽根のつけ根にあるヘルシーな肉の塊をとってみましょう。それだけでもたっぷりあります。胸肉は、繊維に垂直にスライスできます。次いで、刃元を使い、膝関節に挑みます。慎重に、そしてナイフを無理に操ろうとせず、ナイフが自然と関節を切っていくに任せましょう。手羽元はそのままで供せますし、もも肉は、長い刃を利用して一気に骨から切りとります。

>>> 8
　羊や鹿の脚を切り分ける際は、布で包んでから片手で骨をしっかりと持ち、まな板から持ちあげたら、自分の体から充分に離したところで、長い刃を利用し、骨と平行に一気に切ります。ため息の出るような場面です。ウィンキン・ド・ウォードの時代の若い貴族にでもなったような感じがするでしょう。

>>> 9
　牛は、まず肋骨部分の肉にナイフを入れ、骨のない肉の塊を切り分けてから、繊維に垂直にスライスしていきます。あばら骨はあとでバラバラにして、犬たちにあげましょう。

>>> 10
　牛、羊、豚は、必要な分だけスライスします。そうすれば、温かい状態で供することができ、残りは1つの塊のままで保存できます。鳥の場合は、できるだけ早く完全に骨をとりのぞきます。骨つきのままで冷めてくると、鳥独特のまずさが出てきてしまうのです。

斧

刃渡り：65ミリ
全長：320ミリ
重さ：677グラム
製造：ウェッタリングス社
素材：炭素鋼、ヒッコリー
原産国：スウェーデン
用途：野外で料理をするための薪を割る、家畜の簡単な解体、処理

　実にさまざまな料理用ナイフが、斧と同じように使われているのですから、斧ももともとは料理の道具だったと考えないのはどうかしているのではないでしょうか。米国の食肉処理業者は、クレーバーを"大鉈（ミート・アックス）"と称することがありますし、スカンジナビアでバーベキューを楽しむ人たちは、丸太を割って薪にしたり、焼いた羊の肉を供するのと同じ斧で料理をしていました。

　写真の斧は、ウェッタリングスの中でも小ぶりのハンターズ・ハチェット115です。軽くて、ベルトに装着できるようにデザインされています。製作者はいいます。「鋭利なハチェットなら、解体の際に必要な力を思う存分発揮できます。解体専用のナイフにも負けません。予期せぬ事態に備えて車に積んでおく必需品でもあります。道を塞ぐ木にも、手当が必要な傷ついた動物にも対処できるでしょう」

　わたしの斧は、薪を割る以上のことを考慮して、もう少し鋭利に研いであります。そして、パーティの際、直火で大きな肉の塊を焼くときには、決まってその斧を使っています。

ピクニックナイフ

　普段キッチンで使っているナイフ類を片っ端から、気をつけて持っていけば、野外でも食事をすることはできます。けれど今は、さまざまな工夫が施されたピクニック用のナイフがデザインされていますし、わたしたちが昔から使っている、多様な様式のナイフの中には、昨今ピクニック用バスケットの中の人気の備品になってきているものもあるのです。

　写真左手に写っているのは、米国にあるラムソン・アンド・グッドナウの"バタール折り畳み式ピクニックナイフ"です。パンを切るのに重宝します。個人的には、パンは手で裂く方が好きですが。また、鋸歯状の刃は、調理した肉を切り分けるのにも使えます。

　ラギオールは、サバティエと同じで、実は商標登録名ではありませんが、ティエールというフランスの市でつくられているナイフの型を示すものです。その品質は本当にいろいろです。写真左から2番目のナイフは、旧式のラギオールで、野外で食材を直火焼きにする際特に役に立ちます。刃が格別に長いので、専用の鞘にしまわなければなりませんが、多少の錆は見られるものの、畳んだ刃を広げれば、とても頼りになるカービングナイフになります。

　その隣は、昔ながらの形をした高級なラギオールで、わたしの車のグローブボックスには、路上で急遽料理をしなければならないときに備えてこのナイフが入れてあります。その隣は、一回り大きい折り畳み式のナイフで、やはりラギオールです。一筋縄ではいかないチーズを切るのに便利です。一番右にあるのは、スペインのナイフで、柄はオリーブウッドになります。メーカー名は記されていませんが、どんなに硬いチョリソーでも簡単に切ってくれます。

　下に並んでいるのは、許しがたいほど高額な折り畳み式のナイフとフォークのセットで、フランスのナイフメーカー、クロード・ドゾルムのものです。確かに美しいものですが、こんなナイフとフォークがなければ困るくらいなら、室内で食べればいいのにと、わたしなどはどうしても思ってしまいます。

インドで売られているナイフ

全長：さまざま
製造：手づくり
素材：廃棄されたり壊れたりした鋸の刃、自動車のリーフスプリング、
　　　スクラップパイプ、荷箱の板、木枠
原産国：インド
用途：多目的

　このナイフのセットは、インドのジョードプルという都市の露天市で、これをつくったという年配の女性から2000ルピーで手に入れました。とはいえ実際は、ほぼどこの市場でも簡単に入手できたでしょう。工場なり車庫なりがあるところならどこででも、日常的に工具鋼がリサイクルされています。写真左側のナイフは、壊れた弓のこの刃か、廃車のリーフスプリングが原材料です。刃は、石か、何とも原始的な研磨盤で研がれただけですし、刃を柄に"留めて"いるのは、釘かワイヤーです。

　インドには、フランスや日本と違って、インド固有の独特な料理用ナイフがないため、握り方や切り方といったものがどのように発展してきたのか、実に興味深いものがあります。写真右側の先端が尖ったナイフなら、明らかに柳刃よろしく一気に長い引き切りができるでしょう。ハンマーグリップで握れば、手にも充分な余裕があります。このナイフには、薄刃や菜刀の伝統が見られます。残りの3本は柄が丸く、ぴったりと手におさまります。素材をまな板から離して持ち、刃先を親指の方に向けながら切るためにデザインされたものです。

ダオバオ

刃渡り：116ミリ
全長：225ミリ
重さ：47グラム
製造：手づくり
素材：廃棄された鋸の刃、地元の木材、真鍮
原産国：タイ
用途：道端にあったり屋台で売っている、硬い野菜や果物の皮をむき、細かく刻む

　東南アジアで使われている、野菜用のパーリングナイフで、刃があまり深く入らないようきちんと保護されているナイフが、多様な形で世界に広まっている好例です。ある意味、柄つきのスパイラライザーやマンドリーヌ（188ページを参照）といえるかもしれません。
　野菜の表面にそってナイフを動かすと、長い螺旋状に切ることができます。日本の桂むきをシンプルにした形といってもいいでしょう（98ページを参照）。おかげで、これまでは硬くて困っていた根菜も、おいしいサラダにして楽しく食べることができるのです。もちろん、皮むきも無駄なくすばやくできます。実際これは、みなさんのお母さんが昔やっていたジャガイモの皮むきや、コマーシャルでよく目にする、プロのシェフがこよなく愛する"スピードピーラー"を踏襲しているのです。
　このナイフは、他のナイフと違い、使うときの姿勢も大きく関係しています。よく使うのは露天商人ですが、彼らはおそらく店先で売る食べ物の用意を外でします。その際、しゃがんだままで、皮をむいた野菜を直接鍋や皿に入れていくのです。
　また、刃先にそってもう1枚刃があり、その刃は、前述したような特殊な格好ではなく、ごく普通にまな板の上で切るときに使われます。

果物と野菜のカービングナイフ

　40ポンドを切るという破格の値段でネットオークション、イーベイ (eBay) に出品されていたこの中国製の果物と野菜のカービングナイフ一式は、とりあえず手に入れられる最安値のセットかもしれません。

　中国や日本、東南アジアでは、野菜の飾り切りは、はなやかなテーブルセッティングの一環であり、シェフはここぞとばかりに驚くような創造性を発揮し、バイオマスを利用して、一連の手がこんだ作品を披露します。それは、アントナン・カレームの見事な工芸菓子(ピエス・モンテ)を模したものです。

　小さなパーリングナイフと小刀があれば、あなたにもちょっとした作品がつくれますが、写真のキットには、小型の彫刻刀に丸たがね、のみ、へら状の道具もたくさん揃っています。また、中国の多彩な行事に適した型や刃物も入っています。

　あなたもキットを買って実際にやってみてください。ジャガイモを使えば、失敗したところでいつでも、ゆでてつぶしてしまえます。どんなに頑張っても、セットに入っている道具のうち、75％も使えればいい方です。けれど、使いきれない道具にもさまざまな活用法があることに気づくでしょう。

　そのいい例がメロンボーラーです。写真のケースの中央にある、クロムメッキを施した奇妙な形の道具で、両端に半球状のスプーンがついています。一見、とてつもなく馬鹿馬鹿しい道具に思えます。まさに、妙に気どっているだけのキッチンの無用の長物でしょう。結局のところ、今どきの人はメロンをくり抜いたりしないではないですか。にもかかわらず、昔ながらの修行を重ねてきた料理人の持っているナイフセットの中には、こうした、めったに使わないナイフが1、2本、いざというときのために必ず入っているのです。本来は果物をきれいに丸くくり抜くためのものかもしれませんが、その鋭利なスプーンを利用して少量のアイスクリームをすくいとるように、プロのキッチンでは、さまざまな形で活用されているのです。トマトの種や果肉をとり出す、半分に切ったキュウリから種をとる、メロンの種をきれいにとりのぞく、柑橘類(かんきつ)の白い中果皮をこそげとる、ジャガイモの芽をとる、といったことはもちろん、きいた話では、豚の頭を調理するときにも使えるそうです。

生ハム／サーモンナイフ

刃渡り：320ミリ
全長：435ミリ
重さ：141グラム
製造：グローバル（吉田金属工業株式会社）
素材：クロモバ18ステンレス鋼
原産国：日本
用途：切り分ける様を見せる

　このモダンなナイフを製造しているのはグローバルで、自社製のナイフを初めて西洋に輸出した日本企業の1社です。骨つきのおいしい生ハム、ハモン・イベリコやスコットランド産のスモークワイルドサーモンはいずれも高級品なので、できるだけ供する時間ギリギリに慎重にスライスすることが望ましく、それはある意味、テーブル脇でくり広げられるパフォーマンスともいえるでしょう。恐ろしい刀を思わせる、長くて薄いナイフは、そんな仕事にぴったりの道具です。
　刺身包丁のように、このナイフも、その長さを利用して一気に引き切りができるので、食材の切り口に、鋸で切ったようなみっともない跡は残りません。
　刃は柔軟性があるため、切り終える際にサーモンの皮と身のあいだに密着させたまま曲げることができます。刃は、皮と骨にそって動かすので、皮や骨がまな板に触れることは決してありません。このようにこのナイフは、硬い食材を切って刃が傷つくといったことはまずないので、慎重に使うのであれば、他のナイフよりもしっかりと研いで、ずっと鋭利にしておいてもいいでしょう。

マンドリーヌ

刃渡り：100ミリ
全長：390ミリ
重さ：1600グラム
製造：ブロン—コーク
素材：ステンレス鋼
原産国：フランス
用途：野菜、果物、チーズをきれいにスライスし、細かく刻む

　キッチンにある、ものを切る道具の中で、マンドリーヌほど恐ろしいものはそうはありません。もちろん、便利な道具です。スライスする際にも、事故が起こらないよう、刃は安全を考慮してフレームにしっかりと固定されています。当然むき出しになどなっていませんし、かんなのように刃の高さも調節できます。したがって、本来であれば、刃がむき出しになっている大きくて恐ろしいナイフよりも、安全に切れてしかるべきなのです。ところが実際は、間違った使い方をされることが多く、マンドリーヌを使ったことのあるほとんどの人が怪我をしています。今思い出してもゾッとするような怪我を。

　けれど、怪我をしないようきちんと準備をし、気をつけて使えば、とてもきれいに野菜を薄く切ることができます。経験をつんだ見習いシェフも立場がないでしょう。また、このマンドリーヌを使えば、波形に切ることもできます。櫛を思わせる歯が垂直にたくさん並んだ刃もあり、簡単に切りかえられるので、非常に細い千切りも可能です。

　伝統的なフランスのモデル(※1)は、クロムメッキを施されていて、重さもあり、美しく、工学的につくられた、まさにキッチンの芸術作品といえます。もちろん、手入れもそれなりに大変です。

※1　わたしは、自分が持っているフランスのマンドリーヌをいつも、それがもともと入っていた、血まみれのデザインが施された箱にしまっています。箱から出すたびに、気をつけて使わなければと自分を戒められますから。

日本のスライサー

刃渡り：90ミリ
全長：310ミリ
重さ：259グラム
製造：ベンリナー
素材：ステンレス鋼、プラスチック
原産国：日本
用途：野菜をきれいにスライスし、細かく刻む

　桂むきは、和食ならではの包丁の使い方です（※1）。とてつもなく難しいにもかかわらず、そうやって透けるほど薄く切ったり、細く切ったりといったことは、家庭料理でも変わらずに求められていますから、スライサーはまさに、なくてはならない道具といえます。フランス人が愛している、クロムメッキを施した、大きくて、威圧的なマンドリーヌではなく、プラスチック製で軽い、家庭用のスライサーでも、その仕事ぶりはマンドリーヌと何ら変わることなくきれいですばやく、しかも非常に安価です。とても有能なので、今では、昔ながらのマンドリーヌに代わってこのスライサーを使う西洋のシェフも大勢います。

　とはいえ、プラスチックのスライサーでも指は切るので、日本人は"クルクル回す"スライサーまで考案しました。ハンドルの軸に野菜を差しこみ、適切な刃をとりつければいいだけです。下の写真が一番最初に開発されたもので、これは野菜をまっすぐに立てておき、その底面を切っていきますが、野菜を水平に回転させながら、側面を切っていくタイプもあります。より精確な桂むきができますが、使えるのは、大根をはじめとする、円筒形の野菜だけです。

　この形のスライサーは、"体に優しい食事"を心がけている人たちが手軽に楽しんでいます。また、高価な"スパイラライザー"として転売もされています。とはいえ、今やこれだけ進んだ時代ですから、極力安くていいものを購入できるに違いありません。

※1 98ページを参照。

メッツァルーナ

刃渡り：286ミリ
全長：286ミリ
重さ：260グラム
製造：A.L.O.
素材：炭素鋼、オリーブウッド
原産国：不明
用途：肉、ハーブ、ナッツをみじん切りにする

　メッツァルーナというのはイタリア語で"半月"の意味です。柄が2つついた、半円形のナイフで、左右に揺らしながら切ります。小型のメッツァルーナ(※1)は通常、ナッツやハーブ、ニンニクを刻む際に用いられ、1枚か2枚、ときには3枚の刃が平行に配されています。柄が1つしかないタイプもあります。柄は刃の中央に位置し、真ん中がくぼんだ特製のまな板もセットになっています。このまな板は、"チョッピングボウル"やフランス語で"アシネッツ"と称されることもあるものです。機能や効率といった点で、普通のナイフ以上の利点が認められないため、また手入れも収納も大変なこともあり、この独特な形をしたナイフは、よさそうだけれど使いこなせないキッチンの道具類の仲間入りをしているのです。
　一方、鋭利な1枚刃で、かなりどっしりとしている大型のメッツァルーナは、肉をみじん切りにするのに用いられます。ちなみにフランスではアシュワールと呼ばれています。力ずくですりつぶしたり、ミンチ機のように押し出したりするかわりに、真下にスライスしていくことで、小さな塊が残る、より粗いみじん切りになり、肉汁も逃げません。アシュワールなら、他のどんな道具や器具を使うよりも、おいしいタルタルステーキや肉汁たっぷりのミートパティをつくることができるでしょう。

※1　フランス語では、"ゆりかご"の意のベルスーズといいます。

研ぐ

指を切る

　誰しもナイフを使えば、いつか切り傷を負うことがあるでしょう。それを"事故"などというのは馬鹿げています。そういうことも起こると、みんな承知しているのですから。素人は、きちんとした技術がないために指を切りますが、ナイフをより早く、より頻繁に使う術を学んでいるプロは、その技術ゆえに怪我をします。また、当然避けられるはずの、愚かな行動が多々あります。食材をきちんと押さえずに切る、落ちてくる刃を素手でとろうとする、本来の目的からはずれてナイフを使う、不適切な場所にナイフを出しっぱなしにしておく、などです。あらかじめ切ってある食材をたくさん買ったり、ナイフ以外の調理器具や機械を使う、諸々の安全対策をしっかり講じる、目立つところに注意書きを貼りまくる、などすれば、まったく指を切らずにすむ可能性もなくはありません。とても便利なカット耐性の手袋もあります。けれど大半の料理人は、そんなことまでするくらいなら、なぶり殺しにされる方を選ぶでしょう。ナイフが使えなければ、食べ物との触れ合いが失われてしまう、料理人たちはそういいます。
　つまり、料理人にとっては、"切ることこそが仕事"なのです。
　わたしたちはしょせん"料理をつくる人"に過ぎません。指を切れば、当然血も出ます。末端神経が集まっている指を刃がすっと通っていっただけでも、いきなりまるで燃えるような激しい痛みを覚えるのは、ほとんどの人と同じです。ただそのあとは、まったく違う状況になります。怪我のことをきかれた料理人が思い出すのは、決してその痛みではありません。彼らが口にするのは血のことです。昨今のシェフたちは酔いが回ってくると、携帯をとり出し、青い絆創膏（※1）の下に隠した、一番新しい血の滲んだ傷口の写真を披露することがままあります。あるいは、その怪我にどう対処し、すぐに仕事に戻ったかを話すのです。
　怪我に対して、男らしさを云々するのは愚かなことです。調理の最中であれば、料理人たちは傷口をラップで巻いたり、ゴム手袋をつけたりして、そのまま調理を続けます。深い傷を負っても、すぐに対処すれば縫合もできるでしょうが、調理を続けていればそういうわけにもいかず、それゆえ間に合わなかったということがよくあります。普通の人なら気を失ってしまいそうな傷でも、驚異的に回復してしまうというのは、あまたあるシェフならではの不健康な行動特性の1つでしょう（※2）。シェフたちがよく口にしているのは、傷口をホットプレートで焼いて、そのまま仕事を続けた、という話です（※3）。
　はたから見れば、こうした行動はとんでもなく思えます。傷口をすぐに治療せず、自ら悪化させるような真似をするなど、普通の人にはとても信じられませんが、自分のナイフとの関係を築いていく中で、プロではなく、あくまでも趣味として料理をする人たちでさえ、その考え方が変わっていきます。
　ナイフの研ぎ方を学んでいくうえで大事なのは、刃先の切れ味を試してみることです。最初はき

ちんと研げているか確かめるために新聞を切ってみます。けれどそのうちに、親指を峰に置き、3本の指の腹で刃先の感触を確かめるようになります。これはもうプロのやり方と同じです。もちろん最初はおっかなびっくりです。まったくもって賢明な理由により、精神の力がその機能を駆使して、危険なものからあなたの体を遠ざけようとしています。そのうえ、鋭利な刃先の感触を試すとき、つまり、皮膚の角化層で触れながら、決して刃を貫通させず、ほんのわずかな違いを指紋で感じるとき、あなたの警戒感は文字通り、"崖っぷちで踊っている"ようなものなのです。

　今これを読んでいるときでさえ、賭けてもいいですが、あなたは自分の手の傷跡を見ていることでしょう。もうほんの微かにしか残っていない細く白い筋。ナイフがすべって爪を切ったときの、コブのような小さな跡。奇しくもわたしも自分の左手を見ています。かつてそこを、背筋が凍るほど切ってひどい目にあったことがあるのです。もちろん、救急外来できちんと処置はしてもらい、おかげで跡が残ることなくきれいに治りましたが、何だか大事なものを奪われたような気がします。大怪我をしたことを示すものが何もなくて、すべてが台なしになってしまったような気が。

　自分のナイフを持ち、大切にし、きちんと使えば、ナイフへの恐怖心も克服でき、その使い方も習得できます。しかも、ナイフとの交流の可能性も失うことはありません。切り傷の跡は、あなたが危ない経験をしてきた象徴になります。ナイフを手にしているあいだはずっと、ナイフがあなたのためにいい仕事をしてくれるうえ、相変わらずあなたを引きつけて止みません。わたしたちは日々の生活の中で、自分を傷つけるものを懲らしめたり、避けたり、処分したりするのがつねですが、ナイフに関しては違い、その関係はまるで、大好きなペット、元気いっぱいのペットとのそれに似ているといえます。噛みつかれたり、拒絶されることがあっても、受け入れます。決して気持ちが離れることはありません……ナイフもそういうものなのです。

※1　青や"鮮やかな色の"絆創膏がキッチンで使われるのは、それが万一料理の上に落ちても、すぐにわかるからです。大きな工場では、金属探知機で見つけられるよう、極細の金属線を混入した紙幣のように、金属テープを織りこんだ絆創膏も使っています。
※2　『パリ・ロンドン放浪記』でジョージ・オーウェルは周知の通り、物理的な"過酷さ"と、当時の俗語でいうところの"抜け目のなさ"で料理に対して示される異様な執着に困惑しています。
※3　以前はつくり話だろうと思っていましたが、これでもかというほどその現場をこの目で見てきた今では、このゾッとする話が本当なのを知っています。

研ぎ方

　刃を鋭利に仕あげるには、2つの工程があります。研磨（刃先をつくること）と調整です。リズミカルに、"ストーニングとホーニング"ともいいます。

　切れ味の悪い刃をよくするには、刃の両面から、小さな金属をとりのぞかなければなりません。また、刃は必ずくさび形に研いでいきます。炭化ケイ素ベルトの研磨機であれ、ダイヤモンドの粉末でできている回転盤やブロック、あるいはより目の細かい砥石でも、あらゆる研磨材が使えます。大事なのは、刃の鋼よりも硬い素材で、刃を削れるよう表面が充分にザラザラしていることです。

　砥石は天然の石でも、平面のパネルでも、セラミックと同等のものでも構いません。この場合肝心なのは、表面が平らであること、研いでいるあいだに熱くならないよう水に浸けられること、さまざまな粗さのものを用意できることです。

　刃は両面を研磨材で研ぎます。そして最終的に、平らな2面で鋭角をつくるのです。刃先は、薄くなれば当然弱くもなってきますから、研がれて鋭利になってくれば自ずと、摩擦の力の影響を受けて一方に曲がっていきます。それによって、刃のどちらかの面に"まくれ"といわれるものができます。このまくれができたら、その面を研ぐのを終わりにする合図です。これで、不要な金属はきれいにとれました。まくれができてもまだそのまま研ぎ続けていると、まくれを反対の面に押し出していくことになり、そこだけライン状に刃が薄く、弱くなってしまいます。これが"細いばり"です。細いばりはポキッと折れて、また研がなければいけない面が出てきます。研ぎながら刃をきれいにしているときに、このばりを目にすることもあります。とにかく、そうすると必要以上に研いでしまうことになるので、気をつけてください。

　次は、刃を調整したり、磨きをかけていかなければなりません。つまり、刃先が刀身ときれいに揃うまで、両面を優しく研磨材の表面で磨きあげていくのです。ちなみに、一口に研ぐといっても、そのやり方はさまざまです。食べ物の世界では、刃は昔から、柄のついた、シンプルな鋼の棒で研いでいますが、理髪師や、なぜか外科医は、それぞれの恐ろしく鋭利な刃を研ぐのに、以前から革砥を使っています。わたしが知っている肉屋は、肉屋用のまな板の金属製のへりで研いでいますし、『ヴォーグ』のページを使って研いでいるナイフコレクターもいます。高級な雑誌は、それぞれのページが石膏のようなつるりとした素材でコーティングされ、輪転機にかけられてインクが載せられ、美しく仕あがりますが、それによって、驚くほど素晴らしい研磨材となるのです[※1]。

※1　……そういうわけで、いろいろと考えた結果、本書はコーティングしていない紙に印刷しています。本来の趣旨にそぐわない使い方をしてもらいたくなかったからです。

刃先を整える

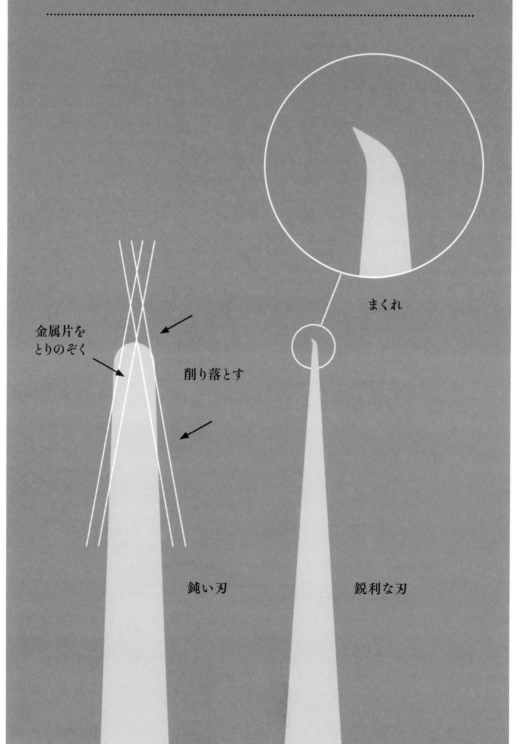

研磨と調整、つまり削り落とすことと整えること。その違いを理解することが大事になってきます。研ぎ方はいろいろありますが、その多くがある程度まで研磨と調整をともに行うことができます。たとえば砥石の場合、驚くほどしっかりと、刃先から金属片を削りとり、非常に効率よく"くさび形"をつくることができますが、最も目の細かい砥石は、あくまでも磨きをかけるためのもので、削り落とす力はあまりありません。ほとんど何もとりのぞけませんが、刃先を整えるのには役立ちます。昔ながらの鋼砥は、削り落とす力をまったく備えていません。刃先を整えるだけの存在ですが、それよりも新しいダイヤモンドスチールは、細かい工業用ダイヤモンド研磨材でコーティングしてあるので、回転盤よろしくあっというまにナイフを削っていくことができます。革砥も、ただの革なので削り落とす力は有していませんが、研磨力の高い物質でコーティングすることは可能です。

　手できれいに研ぐというのは、普通考えているよりも実際にはずっと簡単です。それは寛大なる癒しの過程であり、どうやろうとほぼ確実に刃先の切れ味はよくなります……とはいえ、その結果をある程度左右するのがあなたの能力、なるべく一定の角度で刃を砥ぎ器に当てていける能力です。こんなことを書くと、みなさん不安になってきます。けれどみなさんがお持ちの研ぎ器でも、研ぎ器の中央に、適切な角度で当てて、刃をきちんと動かしていけば、そんな心配は必要ありません。高価な研ぎ器なら、電動モーターで動く2枚の回転盤がついていますし、中には、2本の小さな鋼砥を使っているものもあります。それを、説明に従ってV字にセットしたら、あとはナイフを正しい位置に置けばいいだけです。

　ナイフが好きな人たちの中でも、もっと過激に刃を愛する人たちには、非常に高価な研磨用の治具があります。ナイフを固定したら、旋回する腕が多種多様な小さくて平らな砥石を刃に沿って動かしていくことで、刃をたちどころにきれいにしてくれるのです。思うに、こうした治具は、コレクターにとっては何より重要な、見た目に完璧な刃先をつくるのには欠かせませんが、すばやくタマネギをさいの目に切るのが主な用途なら、いささかやり過ぎかもしれません。

　お金はあるけれど、そんな高価なものは買えない、というのなら、普通の研ぎ器で充分です。わたしはよく、必ずしも自分で研ぐ気も時間もない友人たちに、日本の研ぎ器をすすめています。がむしゃらに頑張らずとも、きれいに研ぎあがりますし、そのナイフでつくれば料理も驚くほど充実してきます。ただし、こうした研ぎ器は刃を削りとっていくものですから、あなたのナイフは急速に細くなっていくでしょう。

　でも、ここでこっそり白状してしまいますが、みんなが寝たあと、誰もいないキッチンで、好きなラジオをききながら、大切なナイフを研いでいく……それは、自分の内面と向き合いながら、心静かにゆっくりと過ごせる素敵な時間なのです。1本1本ナイフをとり出しては、一番最近のそのナイフの仕事を思い出しつつ、優しく刃を直してやり、磨きをかけて、また次の仕事のときまで大切にしまっておく。まさに至福のひとときです。こんなふうに時間と手間をかけて大事に使い続けるナイフは、どんな他の道具とも違います。ソケットやスパナは何も訴えかけてはきませんが、ナイフは、あなたが与えるのと同じだけのものを秘めています。結局のところ、ナイフを研ぐというのはそういうことなのです。

砥石

　初めて金属製のナイフがつくられてからというもの、それを研いできたのは石でした。表面のなめらかな小石を拾って、それで刃を整えることは今でも可能ですが、一番自然な砥石は、やわらかい本体に硬い研磨粒子、もしくはグリットのあるものでしょう。グリットが金属を削りとると石そのものが摩耗し、それによってつねに、研磨用の平らな面が新たにつくられ続けていくのです。

　砥石用の天然石は世界各地で切り出され、いずれも美しいものですが、グリットのサイズにばらつきがあるのは否めません。そのため、研磨粒子の大きさをきちんと揃えた、樹脂やセラミックマトリックス材を使った人造の石がより広く使われています。

　和包丁を研ぐのに用いられるのが、荒砥、中砥、仕あげ砥の3種類の石です。4種類目の名倉は、中砥と仕あげ砥の表面をこすって平らにします。その際、表面の細かい粒子の粒が溶け出し、砥汁となって出てきます。ほとんどの砥石には潤滑油が必要で、その油と炭化ケイ素の砥石を使って砥石を研ぎ、よく刃が研げるようにするのです。ただし日本の砥石は、油で目詰まりしてしまうため、まず使う前に水に浸け、その後も水をかけながら使います。そのため日本の砥石は水砥石と称されるのです。

グリット

120-500	非常に粗い。刃が欠けたときや大胆に形をつくり直すときにのみ使用。
500-2000	粗いグリットで、最初の研ぎと、小片をとり、不揃いな刃先を整える際に使用。
2000-6000	中ぐらいのグリットで、傷をとり、刃先を精製する。
6000-10000	細かいグリットで、磨きをかけ、仕あげていく。

　砥石は形も大きさもさまざまで、異なるグリットを貼り合わせて1つにしたものもあります。おすすめのブランドは、キング（アイスベアとサンタイガー）、セラックス、シャプトン、ナニワです。

　水をかけたりグリットが飛び散ったりするので、研いでいるうちに周囲を汚してしまいかねません。そこで、砥石は折り畳んだ布の上にしっかりと固定するといいでしょう。ただし、ブロック状の砥石なら、水を入れたトレイの中で作業ができます。これなら便利ですし、さほど部屋も汚さずにすむはずです。

　砥石は、使っていないときはきれいに乾かしておかなければいけません。しまっておくのは、もともとの箱でも、プラスチックや木のケースでも構いません。

鋼砥

　テレビ番組のプロデューサーが何より好きなのは、人気のシェフがカメラを見つめたまま平然と、ホーンや鋼砥で巨大なナイフを研いでいる場面でしょう。視聴者に強烈な印象を与えますし、そういった行動を分析して大金を稼いでいるセラピストもいるでしょうが、本当のところシェフは、自分の大事なナイフにそんな真似などしたくないに決まっているのです。朝から晩まで働いてくれるナイフの刃を定期的に研いできれいに整えるのは重要なことですが、それは、集中もせず、片手間にするようなものではありません。鋼砥は刃よりも硬く、それを、関心を引くためにわざと大きな音を立てて派手にぶつければ、どんなに頑丈そうに見える刃にも、とり返しのつかない傷をつけてしまうのです。

　高品質の硬い鋼の棒ならどんなものでも、刃に磨きをかけるために使われます。精肉店をのぞいて見れば、肉を切り分けている区画の隅にしっかりととりつけられた金属製の張り出し棚の上で、鋼の棒が刃を磨いているのを目にするでしょう。この、柄のついた、昔から変わらない棒は便利で、特に大量の肉や魚を処理する際には欠かせません。そのため、ケースに入れたりフックにかけたりしてベルトにつけておき、さっと手にとれるようにしてあるのです。

　なめらかな仕上げで、いい仕事をしてくれますが、多くの鋼砥は、長いあいだ使っていると縦にうねってきます。また、どれくらいきれいに磨けるか、どの程度金属を除去できるかは、ナイフの刃の硬度によって変わってきます。

　今日一番人気があるのはダイヤモンドスチールです。一般的な鋼砥に比べると往々にして太く、楕円形をしていて、強力な研磨材でコーティングされています。そのような鋼砥なら、鉄道線路を適当に2、3度こするだけでも、きれいに整えることができるでしょう。それが可能なのは、この鋼砥が大量の金属を引き剝がすことができるからです。商業的な環境の中でのとんでもない恩恵のおかげで昨今は、確かな腕もない人が、死をも招きかねない鋭利な刃のついた安いナイフを持っていられます。もしあなたもそういうナイフを持っていて、手入れをしようと思っているなら、正直に申しあげます。無理をせず、食器洗い機で洗ってください。その方がはるかに心安らぎます。

革砥

　英語の革砥であるstropの語源は、革ひもの意のstrapと同じといわれています。硬い一端からぶらさげた革のひもかベルト状の革砥に、刃をこすりつけます。すると、革の硬い表面が刃先を優しく押すようにしながら、完璧な形に整えていってくれるのです。理髪師がカミソリをそうやって研いでいるのを見たことがあるでしょう。ピンとのばした硬い革の上を行ったりきたりする動きは、短くてまっすぐなカミソリの刃には最適に思えますが、ごく普通の大きさのキッチンナイフでそれをするのは、いささか冒険かもしれません。革を、それよりもひと周り小さい板に貼りつけた、平らな台の形をした革砥には、通常、柄のようなものがついているので、研いでいるあいだもしっかりと押さえておくことができます。

　新しいタイプの革砥は、何も処理をしていない、ありのままの状態の革を使っていますが、多くの人は、そんな革砥を自分好みのものに変えています。その際使うのが、つや出し用の化合物で、基本的にはワックスベースの非常に細かい研磨材です。それで、つや出し剤よろしく革をこすっていきます。つや出し用の化合物はいろいろなレベルのものが購入できますが、一番きれいに磨きあげられるのは、研磨用のベンガラ（オートソルのようなマイルドな自動車用ポリッシュで、オンラインで購入できます）か、いくつかのナイフメーカーが秘密兵器として使っている、安い歯磨き粉です。

　個人的には、刃は充分に研いで磨きあげるべきだと思っていますが、研ぐ工程の最終段階では、余計な研磨材は使いたくないとつねに考えています。ただ、大半の平らな革砥は両面使用になっているので、1面だけなら研磨材をたっぷりつけて仕あげてもいいかもしれません。

シャープナー

　人間の多大なる創意工夫のおかげで、多少のうまい下手はあっても、誰でも失敗なく使える家庭用のシャープナーが誕生しました。原則として、まずは研ぐものを適切な角度で簡単にセットできなければなりません。また、家庭でどんなにあわただしく料理をしているときでも、さっとナイフを引くだけで、切れ味がよくなる必要もあります。そんなシャープナーの開発に、多くの人が挑戦し、多くの人が失敗しました。おそらく、ナイフにしか使えない道具だったからでしょう。さもなければ、もっと熱心に研究されたと思います。シャープナーも、最初の数カ月はいい仕事をしてくれますが、ナイフを使って缶を開けたり、先端を折ってしまった、さらにはドライバーがわりに使ったりしたら、どんなにシャープナーで研いだところで、ナイフがもとに戻ることはありません。

　とはいえ、砥石や革砥を愛用している人たちにとっても、シャープナーは驚くほど便利なことがあります。研ぐという儀式を心ゆくまで楽しむ時間がなく、急いで刃先を直したいときに頼れるもの、それがシャープナーなのです。

　日本のシャープナーには、適切なグリットの円盤形をした回転式の砥石が2枚あり、そのあいだに刃を入れて、引いていきます。2枚は巧みに配されているので、それぞれの砥石の側面に当てるだけで、適切な角度に研ぎあがるようになっていますし、刃をゆっくりと動かすことで、つねに新しい研ぎ面が出てくるようになっているのです（※1）。シャープナーの下には小さなタンクもあるので、そこに水を入れておけば、砥石をつねに湿った状態できれいに使うことができます。

　本書において、わたしは正直でありたいと思っています。上質の砥石を使ったシャープナーは、丁寧に使い、砥石を定期的に新しいものにとりかえれば、美しい刃先をつくり出してくれるはずです。あなたの腕前にもよりますが、おそらく一般的な砥石で研ぐのと同じような仕あがりになるでしょう。シャープナーに唯一欠けているのは、ナイフを研ぐときになくてはならない儀式的な感覚です。研ぐための道具を棚の奥から一式引っ張り出してきて、半時間もかけてお気に入りの刃を大事に磨きあげていく必要は……もちろん、ありません。ですが……それこそが肝心なことではないでしょうか。

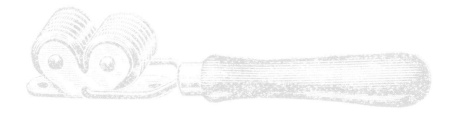

※1　片刃のナイフを持っているなら、両刃用のシャープナーのディスクとはわずかに角度が違う、片面だけ研磨できる片刃用のシャープナーを買うといいでしょう。これもいい仕事をしてくれますが、片刃用の場合は、ナイフをつねに同じ方向に引いていくことが必要不可欠です。

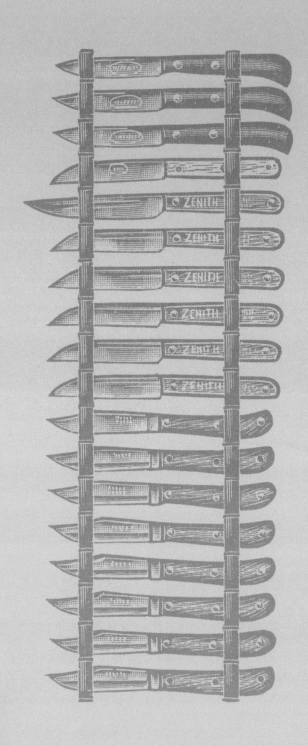

包丁／ナイフアクセサリー

ナイフロール

　昔ながらのシェフのナイフロールは、白い厚手のキャンバス地に、ナイフの柄を差すポケットがついているタイプです。これだと、どうしても刃と刃がぶつかってしまいましたが、鋭利な刃はどんな厚手のキャンバス地をも簡単に切り裂いてしまうので、ナイフの上下を逆にして刃をしまうためのいい方法が見つからなかったのです。多くのシェフは、ロールをしまう際に布巾やタオルをあいだに挟み、刃と刃が触れないようにしていましたが、うっかりロールを落としてしまったり、気をつけて持たなかったりすれば、結局は何の意味もありません。この手のロールが問題なく使えたのは、ナイフがたいていは引き出しや箱にしまってある場合、あるいは、距離を問わず持ち運ぶ際に金属製の道具箱にきちんと入れてある場合だけでした。

　今日、ナイフロールは、昔ながらのがっしりとしたキャンバス地から、コーデュラのバリスティックナイロンまで、あらゆる素材でつくられていて、驚くほど派手な革製のものまで登場しています。そんなナイフロールを選ぶ際には、何をおいても考えなければいけないポイントが2つあります。まずは、ナイフを持ち運ぶとき、あるいは使うためにそこからとり出すときに、手を切らないよう安全を考慮したつくりになっているか。次いで、刃と刃が傷つけ合わないようきちんと対策がとられているか、です。

　ナイフ1本1本につける、プラスチック製や磁石式のブレードガードも役に立つでしょう。ロールの中にベルクロやマジックテープのような面ファスナーをつけて、それでナイフを留めておくという手もありますし、内側に厚手のシープスキンを貼る場合もあります。

ナイフラック

　いささか執着しすぎのきらいはあるかもしれませんが、わたしには、祖父から受け継いだことを誇りに思っている、仕事場での習慣があります。祖父のロンは、どんな道具であれ、使わなかったり、所定の場所にしまわなければ、必ず事故が起こると信じていました。実に素晴らしい考えであり、実際それは、手術室やF1のピットなどではごく普通に実践されています。患者の傷を縫合してから、あるいは、車がコースに戻って時速200マイルで疾走してから、道具がなくなっていることに気づいても、後の祭りです。同様に、大事な柳刃がなくなっているのに気づいたものの、義母が"きれいに洗おうと勢いよくシンクに入れ"たあとで、不気味な赤い洗剤の泡が立ってこようものなら、もう最悪です。

　そういうわけで、わたしは磁石式のナイフラックが好きなのです。もちろん、どれも素敵で、大事なナイフを、いつまでも変わることなく陳列し続けてくれています。引き出しの中で、刃と刃がぶつかり、傷つけ合うこともありません。それでも、キッチンで仕事をしているときは頻繁に、ラックを確認しています。もしナイフがなくなっていたら、そしてそれをわたし自身が持っていないのなら、トラブルが発生するのは時間の問題ですから、すぐに手を止め、探して確保します。

　磁石式の細長いラックは、キッチンの必需品を扱う店で安く手に入りますが、唯一の問題は、刃の裏側を傷つけることがある点でしょう。この問題を克服すべく、高級な木材の裏側に強力な磁石を配してある、とんでもなく高価なラックもありますが、わたしとしては、ジェイムズ・モートンが教えてくれたことの方が好きです。ちなみにモートンは、パン屋にしてビール醸造者、さらに医者でもある、ナイフオタクです。そのモートン曰く、磁石式のラックは表面をセーム革で覆えばいいとのこと。それだけで、ナイフがラックから落ちることもなければ、もうこれ以上傷つくこともないそうです。

まな板

　精肉店で使われているまな板は、さまざまな木材を組み合わせ、接着してつくられています。クレーバーやナイフは柔軟な木に食いこみますが、その柔軟さゆえに刃も守られ、まな板そのものも回復できるのです。木製のまな板は、衛生面を理由に業務監査機関から嫌われているとよくいわれますが、実際にはそんなことはありません(※1)。とはいえ、コマーシャルに登場するキッチンを見る限り、色鮮やかなまな板の方が、はるかに簡単に二次汚染を防げますし、その素材であるポリプロピレンなら、皿洗い機の熱湯処理を何度でもくぐり抜けられそうです。

　中国の伝統的なまな板は、丸くて、わたしたちが使っているものよりもかなり高さがあります。西洋のシェフは、まな板に対して平行に切ることなどめったになく、あるとすれば、魚をさばいたり、パンの最後の1枚をスライスするときくらいで、そういうときは、まな板を作業台の一番端まで持っていき、手が自由に動かせるだけのスペースを確保しなければなりません。対して高さのあるまな板なら、中国の料理人はさっと菜刀を横にするだけで、垂直に切るのと変わりなく、簡単に平行に切ることができます。仕事をしている中国の料理人を見てください。実にたくさん水平に切っていることがわかるでしょう。西洋のナイフロールが、より柔軟性の高いナイフを目玉としてセットに入れているのは、そのせいかもしれません。それなら、刃を曲げるだけで水平に切ることができますから。

　ガラスや、大理石をはじめとする石のまな板もありますが……自分で研いだり、磨きをかけたりする刃は、そういった素材のまな板にじかに当てると、計り知れないダメージを受けることになると、ナイフについて充分知識を得てきた今のあなたにはよくわかっていただけると信じています。

　したがってまな板は、できれば木製のものを、どうしてもというのであればポリプロピレンのものを使ってください。そして、つねに清潔にしておきましょう。けれど何といっても、愛情をこめて、優しく切るのが一番です。そうすれば、刃先がまな板の表面に触れても、さほど大きな傷にはならずにすむはずですから。

　どうか、自分のナイフにたっぷり愛情を注いでください。そうすれば、ナイフも愛情を返してくれます。

※1「まな板の種類によって衛生面の優劣を決める確たる証拠はありません。プラスチック、木材、ガラス、あるいは大理石であってもです。大事なのは、使い終わったらそのたびにきちんときれいにしておくことと、深い傷や切れ目が入ってしまったなど、損傷した際には、清潔な状態を維持しておくことが難しくなってくるためとりかえる、その2点になります。また、生ものと、もう食べるだけになっている食材とは、別のまな板で切りましょう。それによって、細菌の繁殖拡大を防ぐこともできます」英国食品基準庁

謝　辞

ティム・ヘイワード

　ナイフメーカー、シェフ、コレクター、そしてマニアのみなさま、知識を与えてくださり、ナイフを貸してくださり、熱い思いを惜しみなく伝えてくださり、ありがとうございます。

　特にブレニム工房のジョナサン・ウォーショースキー、ジェイムズ・ロス＝ハリス、リチャード・ワーナー、そして日本のナイフ会社のジェイ・パテルとリシット・ヴォラには心から感謝します。

　現在のロンドンでナイフの刃をつくらせたら右に出る者のいないジョシュア・ヒートンと、膨大な知識と学識とそれを躊躇せずに披露してくれる心意気を持ったヘンリー・ハリスへ。今以上に教養豊かな文化にあっても、我々は間違いなくあなたたちを聖人として尊敬するでしょう。

　親切な肉屋にしてわたしのアドバイザーでもあるジョン・ウェストと、ともに徹底して考えてくださったアニー・グレイ博士にも感謝の意を伝えたいと思います。また、お目にかかったことはありませんが、ジョゼ・グラント・クライトン（旧姓ギルピン）は、家宝であるお父様ナットのナイフを信頼して貸してくださいましたし、それを手助けしてくれたスコット・グラント・クライトンにもお礼を申しあげます。わたしたちがとりあげたナイフはいずれ劣らぬ素晴らしいものばかりでしたが、中でもナットのナイフは、手にしたとき最も心が震えました。

　カドリール出版社のヘレン・ルイス、ローラ・ウィリス、ヴェリティ・ホリデー、エミリー・ノト、ジェンマ・ヘイデンと、永遠に凄腕の我がエージェントであるティム・ベイツ。みんな、ありがとう。

　我が家のメンバー、アルとリブ、それにケンブリッジのカフェ"フィッツビリーズ"の店員のみなさん、本のことで頭がいっぱいだったわたしのイライラと不在に、文句もいわずひたすら耐えてくれて、感謝しています。

　初めて父親になった感動に浸りつつも、懸命に時間をとって見事な編集をしてくれたサイモン・デイヴィスには、心の底からありがとうを伝えます。

写真やイラストを用いている本は何であれ、クレジットに記すことができるよりもはるかに多くの人たちが一丸となって協力してくれています。職人たちが力を合わせてつくる伝統的な和包丁に似ているかもしれません。けれど本書は、一般的な本よりもさらに多くの人からお力添えをいただいていると思います。本書は、そんな個々人が懸命に力を尽くしてくれた結果完成した、まさに共同作業の賜物なのです。そこで、以下の方々に感謝を捧げます。

轡田千重

漫画家の轡田千重は、恐ろしくまとまりのないアイデアを、確かな腕で見事な作品に仕あげてくれました。

ウィル・ウェッブ

ウィル・ウェッブの洗練された、めちゃくちゃカッコいいデザインは、ヒットマンのような冷静さの賜物です。

クリス・テリー

年季の入ったものに、新品同様の美しさを見出すクリス・テリーの能力のおかげで、本書の可能性はわたしたちの予想を大きく超えて広がりました。

サラ・ラヴェル

サラ・ラヴェルは、わたしたちをまとめ、引っ張っていってくれました。誰かの名前を刃に刻印するなら、それは彼女の名前です。

彼らもみな、職人です。

索引

太字で記したページは、写真や図を示しています。

あ

アクセサリー	210–17
アシュワール	193
アメリカのナイフ	136, 143, 168
アメリカン・ブレイドスミス・ソサイエティ	61
アントナン・カレーム	184
イギリスのナイフ	101, 159, 167
石のナイフ	16
イタリアのナイフ	159
ウィリアム・グレゴリー	69
ヴォストフ	18, 47, 53
ウェッタリングス社	177
薄刃	9, **49**, 90, **96**, 97, 98, 101, 113, 127, 181
うなぎ裂き	128, **129**
柄	10, 11
A.L.O.	193
エスコフィエ	45
NHBナイフワークス	59
エリザベス・デイビッド	45
オイスターナイフ	156, **157**
斧	**176**, 177
オピネル	163

か

カービングナイフ	86, 168, 172, 174, 178, 184, **185**
カービングフォーク	174
回転式の砥石	**208**, 209
カスタムナイフ	**58**, 59
ガットフック	148, **149**
桂むき	91, 98, 101, 183, 190
カナダのナイフ	164
鎌型薄刃	97
加茂詞朗	97
ガラスキ	109
革砥	199, 201, 206, **207**, 209
皮はぎ用のナイフ	150
皮むきグリップ	13
関西型の薄刃	97
菊一	103, 109
牛刀	9, **49**, 61, 86, 87, 94, 110, **111**, 113
ギヨーム・コテ	59
切り分ける	171–5
金華プリージー機械	152
クトードフィス	**62**, 63
グリップ	12–13, 92, 109, 114, 143, 181
クレーバー	12, **48**, 76, 77, **80**, 81, **82**, 83, 134, 139, **140**, **141**, 163, 177, 216
クロード・ドゾルム	178
グローバル（吉田金属工業株式会社）	187
ゲンゾ	150, **151**

さ

サーモンナイフ	**186**, 187
堺孝行	127
逆手持ち	143
先丸タコ引き	106
さくら	113
左近白梅	92, 103
佐治	106
刺身包丁	187
サバティエ	6, 47, 55, 56, 63, 85, 86, 160, 178
三悦	110, 128
三徳	9, **49**, 86, 101, **112**, 113
シアーズ・ローバック	168
ジェイ・パテル	85
ジェイムズ・モートン	214
ジェイムズ・ロス゠ハリス	29–32, **33**
シェフィールド	69
シェフナイフ	8, 10, 45, **48**, **52**, 53, 63, 76, 114
しのぎ筋	92, 121, 123, 130
シミター	136, **137**, 139
シャープナー	**208**, 209
シャーリー・コンラン	64
ジョエル・ブラック	20
ジョージ・オーウェル	197
職人	117–24
ジョナサン・ウォーショースキー	
	28, 29–32, **33**
スグル	160
スコット・グラント・クライトン	
	72
寿司切り	**126**, 127
ステーキナイフ	66, **67**, 134, 136, **137**, 150, 159
スパイラライザー	183, 190
墨流し	91, 94
スライサー	190, **191**

た

タイのナイフ	183
ダイヤモンドスチール	135, 201, 205
ダオバオ	**182**, 183
ダガーグリップ	13, 109
高村	114
タコ引き	106, **107**
タダフサ	114
ダマスカス鋼	25, 32, 61, 91, 110
チーズナイフ	**158**, 159
チェーンメール手袋	134, 152, **153**
チェルシー・ミラー	59
チャールズ・ディケンズ	171, 172
中国のナイフ	53, 74–83
T・E・ロレンス	171
デグロン	63
鉄製のナイフ	16, 18, 19
出刃	**49**, 90, 92–4, **95**, 101, 113, 128
砥石	160, 199, 201, 202, **203**, 209
ドイツのナイフ	47, 64, 66, 78
銅製のナイフ	16
研ぐ	135, 194–209
ドッグハウス工房	20, 59
トリュフスライサー	164, **165**

な

ナイフの構造	10
ナイフの修理	160
ナイフラック	45, 214, **215**

ナイフロール	45, 47, 56, 113, **212**, 213
菜刀	9, 15, 76-7, 78, **79**, 83, 90, 97, 113, 139, 160, 181
菜切り	85, 86, 98, **100**, 101
ナット・ギルピン	68, 69-73, 160
生ハムナイフ	**186**, 187
日本の切り方	98-9
猫の手	14, 15
熱処理	19

は

バーゴイン／フィッシャー	139
パーリングナイフ	47, **48**, **62**, 63, 183, 184
刃先を整える	**200**
パデルノ	164
バトラー	69
パルメザンナイフ	**158**, 159
刃をつくる	22-5
阪骨	49, **108**, 109, 160
バンドソー	134, 139
ハンマーグリップ	12-3, 92, 114, 181
ビーハイブ	69
ピーリングナイフ	6, 8, 13, 47, **48**, 63, 64, **65**
ピクニックナイフ	178, **179**
日立	92
ピンチグリップ	12, 13, 53, 114
ファーマ	159
フイユ・ドゥ・ブーシェ	138, 139, **140**-1
フィレットナイフ	47, **48**, 56, **57**, 59, 148, **149**
フィンランドのナイフ	163
プーッコ	163
フォーシュナー／ビクトリノックス	136, 143
ブッチャーナイフ	**48**, 69, 134, 136, 139
ブラッドルート・ブレイズ	59
フランスのナイフ	45, **48**, 53, 56, 63, 76, 114, 139, 156, 163, 188
プレステージ	167
ブレッドナイフ	**166**, 167, 168
ブレニム工房	20, 29-32, 101
ブロン-コーク	188
ブロンズ製のナイフ	16
ペティナイフ	**49**, 114, **115**
ベルトナイフ	163
ヘンケルス	47, 64
ヘンリー・ハリス	**84**, 85-7, 160
ベンリナー	190
ポイントグリップ	12
ボーニングゴージ	**146**, 147
ボーニングナイフ	47, **54**, 55, 69, 109, 134, 142, 143, 145, 150
骨すき→阪骨	
ボブ・クレーマー	20, 59, 61

ま

まくれ	119, 199, 200, 201
マッシュルームナイフ	**162**, 163
まな板	14, 15, 76, 97, 114, 193, 216, **217**
マルティネス＆ガスコン	147
マレー・カーター	59, 87
マンドリーヌ	183, 188, **189**, 190

目打ち	128, **129**
メクシア商会	69
メッツァルーナ	**192**, 193
メロンボーラー	47, 184, **185**
モーラ	148

柳刃	9, 13, **49**, 90, 92, 94, 101, **102**, 103–5, 106, 113, 127, 181, 214
ユーティリティナイフ	**48**, 114
指を切る	196–7

ラギオール	178
ラムソン・アンド・グッドナウ	178
リチャード・ワーナー	29–32, **33**
梁添刀廠	78, 81, 83
ル・ロワ・ドゥ・ラ・クペ	156
ロッキンガム工房	159

和包丁	**49**, 53, 78, 88–131
和包丁づくり	91, 106
和包丁の用語	130–1

世界で一番美しい包丁の図鑑

2017年5月1日　初版第1刷発行

著　者：ティム・ヘイワード
翻　訳：岩田佳代子（翻訳協力：株式会社トランネット）
発行者：澤井聖一

発行所：株式会社エクスナレッジ
〒106-0032 東京都港区六本木7-2-26
TEL：03-3403-1321／FAX：03-3403-1829
http://www.xknowledge.co.jp/
e-mail：info@xknowledge.co.jp

無断転載の禁止
本誌掲載記事（本文、図表、イラスト等）を当社および著作権者の承諾なしに無断で転載（翻訳、複写、データベースへの入力、インターネットでの掲載等）することを禁じます。